经典行星的故事

卢昌海　著

科学出版社
北　京

内 容 简 介

水星上有水吗？金星上会下雪吗？地球是宇宙中的“独苗”吗？我们能成为火星人吗？木星是地球的守护神吗？土星能浮在水上吗？本书以“行星随笔”的风格讲述太阳系内六大经典行星的故事，语言生动风趣，内容严谨翔实，使读者在享受阅读愉悦的同时体会科学的严谨与激动人心，并学到丰富的知识。

本书可作为学生的课外读物，也可供天文爱好者参考。

图书在版编目（CIP）数据

经典行星的故事/卢昌海著. — 北京：科学出版社，2017.1（2019.1重印）

ISBN 978-7-03-050824-9

Ⅰ. 经… Ⅱ. 卢… Ⅲ. ①行星-普及读物 Ⅳ. P185-49

中国版本图书馆CIP数据核字（2016）第289028号

责任编辑：杨 凯 / 责任制作：魏 谨

责任印制：徐晓晨 / 封面设计：杨安安

北京东方科龙图文有限公司 制作

http://www.okbook.com.cn

科 学 出 版 社 出版

北京东黄城根北街16号

邮政编码：100717

http://www.sciencep.com

北京虎彩文化传播有限公司 印刷

科学出版社发行 各地新华书店经销

*

2017年1月第 一 版 开本：720×1000 1/16

2019年1月第二次印刷 印张：10 插页：1

字数：150 000

定价：36.00元

（如有印装质量问题，我社负责调换）

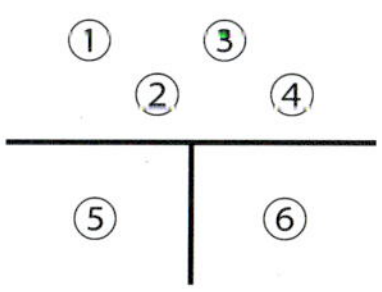

① 木星全貌
② 土星全貌
③ 地球全貌
④ 水星全貌（假彩色图）
⑤ “金星14号” 所拍摄的金星表面
⑥ “卡西尼号” 拍摄的 “土星六边形”

①“旅行者1号”拍摄的木星“大红斑”

②“好奇号”拍摄的火星表面

③“好奇号”火星登陆车与火星表面

目 录

第1章　给天文学家出难题的行星——水星

第2章　堕入地狱的姊妹——金星

Contents

第 3 章　天堂是怎样炼成的——地球

第 4 章　探寻生命的踪迹——火星

目 录

第1章 给天文学家出难题的行星——水星

1. 水星的公转与自转

水星（Mercury）是离太阳最近的行星——这种“近”当然是天文学意义上的“近”：水星在近日点（perihelion）和远日点（aphelion）离太阳的距离分别约为 4.6×10^7km 和 7×10^7km 或约为 0.31 天文单位和 0.47 天文单位[①]。水星不仅离太阳近，离地球也不远，最近和最远距离分别约为 7.7×10^7km 和 2.2×10^8km，以最近距离而论是离地球第三近的行星（仅次于金星和火星）。

初看起来，离太阳近意味着能反射较多的阳光，对于行星这种自身不发光的天体来说意味着绝对亮度较大；离地球近则锦上添花，不仅意味着表观亮度较大，而且也便于行星探测器前去探测。照说这样的行星该是比较容易观测和探测，也了解得较多的，事实却恰好相反：水星是一颗在各方面都给天文学家们出难题的行星，我们对它的了解在太阳系行星中即便不是

① 这两个距离的相对差别之大在太阳系行星里是创纪录的，它所对应的轨道偏心率（eccentricity）约为 0.21，仅次于曾经是行星、后来遭“降级”的冥王星。

最少，也是较少的，甚至一度比对遥远的天王星和海王星的了解还少。

而且不无戏剧性的是，水星给天文学家们出的第一个难题恰恰就是因为离太阳近——太近。

由于离太阳太近，对于地球上的观测者来说，水星多数时候都会被太阳的光芒所干扰——甚至彻底淹没，每年只有几个星期的时间适合观测。而且即便在那段时间里，观测也大都只能在黎明或黄昏，在水星比太阳早升起或晚落下的一小段时间里进行，而不像多数其他天文观测那样能以黑暗夜空为背景进行①。这样的观测不仅会因明暗对比的不够显著而增加难度，而且还会因视线以接近地平线的角度穿越较长距离的大气层，而容易受大气的扰动与折射，以及地平线附近的地形或建筑物的影响。这些都使得对水星的观测相当困难——虽然以最大表观亮度而论，水星其实是全天排名第六的最明亮天体，仅次于太阳、月亮、金星、火星和木星。

为这种困难雪上加霜的是：水星的公转与自转周期，以及地球的公转周期之间存在着混杂了必然与巧合的微妙关系，长

① 不过在最最有利的条件下，水星也有一小段时间能在黑暗或很接近黑暗夜空的背景下被观测。不过这种“最最有利的条件”只有某些特殊纬度的观测者在特殊时段里才有机会享受。感兴趣的读者不妨想一想，地球、水星、太阳处于什么样的相对位置才能产生出这种“最最有利的条件”？

时间误导了天文学家们。

具体地说，水星的公转周期约为 88 天（更精确的数值约为 87.969 天），自转周期约为 59 天（更精确的数值约为 58.646 天），两者之比正好是 3 ∶ 2。这种存在于公转与自转周期间的简单比例关系是天体力学中形形色色的共振现象的一种，被称为“轨旋共振”（spin-orbit resonance）。水星的轨旋共振是太阳对像水星这样离得较近，且轨道偏心率（eccentricity）较大的行星的巨大潮汐作用造成的，具有一定的必然性。巧合的部分则是：水星与地球的所谓“会合周期”（synodic period）约为 116 天，不仅很接近水星自转周期的两倍（即 116 ≈ 59 × 2），同时也接近地球公转周期的 1/3——1/3 年（即 116 ≈ 365/3）。

什么是水星与地球的会合周期呢？它是水星、地球与太阳这三者连续两次回到或近似回到同一组相对位置的时间间隔①。这种“相对位置”的一个最简单的例子是水星与地球在太阳同侧且与太阳连成一线，这时地球与水星的距离最近（“会合”）；一个稍复杂的例子则是水星处于所谓的东大距

① 假如水星与地球的公转轨道是同一平面上的同心圆，则会合周期的计算相当容易，感兴趣的读者可利用水星公转周期约为 88 天，地球公转周期约为 365 天这两个数据自行计算一下。不过，由于水星与地球——尤其是水星的公转轨道并非圆形，更不是“同一平面上的同心圆”，116 天实际上只是一种平均，水星与地球的会合周期会在 105 天到 129 天之间变化。

（greatest eastern elongation）或西大距（greatest western elongation），这时从地球上看到的水星相对于太阳的分离角度——距角（elongation）最大。由于观测水星的一个主要困难就是太阳光芒的干扰，而距角越大干扰越少，因此水星处于东大距或西大距是有利于观测的。不过还有一个因素也很重要，那就是水星视运动轨迹与地平线的夹角，因为在同样的距角下，视运动轨迹与地平线的夹角越大，则水星比太阳早升起或晚落下的幅度——即离地平线的最大高度就越显著（好比立在地上的一根杆，与地面的夹角越大，顶端离地面的高度就越大），从而越有利于观测。进一步分析表明，由于这第二个因素的存在，每三次东大距或西大距中才有一次是最有利于观测的，它们彼此间隔三个会合周期——确切地说最有利于观测的机会共有两组，一组是东大距，对应于水星比太阳晚落下的情形；另一组是西大距，对应于水星比太阳早升起的情形。（同组之内）连续两次最有利于观测的机会通常间隔三个会合周期。

将这一结果跟水星与地球的会合周期“很接近水星自转周期的两倍，同时也接近地球公转周期的 1/3——1/3 年”这一巧合，以及水星公转与自转周期之间 3：2 的轨旋共振联系起来，不难看到，（同组之内）连续两次最有利于观测水星的机会之间通常间隔 1 年——地球公转 1 圈，或水星自转 6 圈，或水星公转 4 圈。由于这些都恰好是整数，因此在这个时间间隔之内水星与地球的公转和自转都几乎恰好转回到同一方位。由此得出的直接推论是：水星会以同一面朝向地球。或者完整地说：（同组之内）连续两次最有利于观测水星的机会几乎总是会观测到水星的同一面。由于很多天文学家正是选择最有利于观测水星的机会来观测的，因此他们每次看到的水星表面往往是相同的。

这种微妙关系把天文学家们误导到了一个比真实情形更简单、然而却是错误的猜测上，即猜测水星永远以同一面朝向太阳。因为若如此，则在任何一个东大距或西大距时，水星都自动会以同一面朝向地球，无需依赖水星与地球的会合周期“很接近水星自转周期的两倍”这一早期天文学家并不知道的巧合，就可以解释每次看到的水星表面往往是相同的这一现象。1882~1890 年，意大利天文学家夏帕雷利（Giovanni Schiaparelli）通过对水星的认真观测“证实”了这一猜测。1924~1929 年，希腊天文学家安东尼亚第（Eugenios Antoniadis）基于长期观测所绘制的水星地图也大体“证实”了这一猜测。不仅如此，这一猜测所对应的是水星公转与自转周期之比为 1 ∶ 1 的情形，它作为轨旋共振中最简单的特例，被称为“潮汐锁定”（tidal locking），本身也是天体力学中很常见的共振形态（比如月球的公转与自转就是一个例子）。因此，这是一种在观测和理论上都说得通的猜测。这样的猜测长期误导了天文学家，使他们直到 20 世纪 60 年代初还以为水星总是以同一面朝向太阳[①]。

天文学家们发现这一猜测有问题，是因为它的一个推论——别小看推论，在科学这样具有严密逻辑的体系中，对推论进行检验是发现问题的重要途径之一。

那是一个什么推论呢？很简单：假如水星总是以同一面朝向太阳，那么这一面就永远是白天，另一面则永远是黑夜。而一个永远是黑夜的地方有个基本特征就是冷。因此，假如水星总是以同一面朝向太阳，那么这个离太阳最近的行星很可能悖论般地拥有太阳系行星上最寒冷的地方，这就是推论。但是 1962 年，天文学家们通过微波研究发现了水星背着太阳那一面并没有如想象中那样的寒冷，而是能发射与那样的寒冷不相称的热辐射。这显示那一面很可能并不是永远背着太阳，而是残留着白天的余温。这样一来，“水星总是以同一面朝向太阳”这个初看起来颇为合理的猜测就被动摇了。1965 年，通过直接向水星发射雷达波并观测反射波所显示的体现水星表面运动

① 当然，这一误导所影响的主要是对水星自转周期的确定（因为公转周期是很容易测定的）。在那段被误导的时期内，天文学家们普遍认为水星自转周期与公转周期一样，约为 88 天。另外值得说明的是，由于像水星与地球的会合周期很接近水星自转周期的两倍那样的巧合只是近似成立，因此只要连续观测足够长时间，哪怕每次选择的都是最有利于观测的机会，原则上也仍可以看到水星表面的其他部分，从而发现“水星总是以同一面朝向太阳”这一假设的错误的（因为按这一假设，但凡在最有利于观测水星的机会观测，就只能看到水星的同一面）。不过也许是观测水星本身就很困难之故，再加上先入之见的影响，虽有人发现过蛛丝马迹，却都未敢确认，从而使历史并未沿这一途径前行。

的多普勒效应（Doppler effect），天文学家们直接测定了水星的自转周期，结果发现约为 59 天，只有公转周期的 2/3 左右。这一结果后来得到了反复验证，彻底推翻了“水星总是以同一面朝向太阳”这一猜测，并确立了水星公转与自转周期之间 3 : 2 的轨旋共振。

测定自转周期并确立 3 : 2 的轨旋共振并不是水星运动带给天文学家的唯一难题。一个远比它更出名的难题是所谓的水星“近日点进动”（perihelion precession）之谜。这个难题很早就被注意到了，因为限于设备，早期天文学家们所能从事的天文研究种类很有限，其中很大一类就是观测行星的轨道，并与当时公认的牛顿万有引力定律的计算相比较。这类工作是颇有成效的，不仅在多数情况下能以很高的精度验证理论，而且哪怕在观测与理论一度出现偏差时，也曾有过辉煌——甚至更辉煌——的成就，即海王星的发现[①]。

但可恶的水星却给这类研究也出了一个难题。

观测显示，水星的椭圆形轨道相对于背景星空是缓慢旋转着的。这种被称为近日点进动的现象本身并不新奇，是所有行星和卫星的轨道在不同程度上共有的。麻烦出在哪里呢？出在

① 有关海王星发现的详细历史，可参阅拙著《那颗星星不在星图上：寻找太阳系的疆界》（清华大学出版社 2013 年 12 月出版）。

具体数值上——就如西方谚语所说：魔鬼存在于细节之中（The Devil is in the detail）。精密的观测及计算表明，水星近日点进动的观测数据与理论计算之间存在一个虽然微小但很确凿的偏差。在理论上，造成水星近日点进动的主要因素是其他行星的引力摄动（gravitational perturbation）及太阳的扁度（oblateness）等。但把所有这些因素都考虑进去之后，虽然 99% 以上的观测值都得到了解释，那剩余的略小于 1% 的观测值却仍是个谜。这部分有多大呢？约为每 100 年 43 角秒（arc second）——相当于圆周的十万分之三。每 100 年才相差圆周的十万分之三，这几乎是一种难以察觉的细微，但在天文学家们的细致观测下不仅被注意到了，而且远远大于了观测和理论计算的误差，从而构成了一道确凿的难题。这道难题早在 19 世纪中叶就被注意到了[①]，却直到 1915 年才由爱因斯坦（Albert Einstein）的广义相对论所解决，成为广义相对论的三大经典验证之一。

① 这方面的一位先驱人物正是预言海王星位置的两位天文学家之一的法国天文学家勒威耶（Urbain Le Verrier），他于 1859 年报告了这一当时以为是每 100 年 38 角秒的偏差。不过勒威耶猜测这种偏差是一颗比水星离太阳更近的行星造成的，这后来被证实是错误猜测——关于这一猜测及观测努力，可参阅拙著《那颗星星不在星图上：寻找太阳系的疆界》（清华大学出版社 2013 年 12 月出版）。

2. 水星“一日游”

介绍完了有关水星的“运动学”信息，接下来让我们假想性地到水星上去作一个“一日游”吧。

我们前面提到过，以最近距离而论，水星是离地球第三近的行星，但与这个排名很不相称的是，哪怕在航天科技已有半个多世纪历史的今天，到水星上去仍不是一件容易的事情。追根溯源，这其实也是水星离太阳太近带来的难题。由于离太阳太近，水星绕太阳公转的平均速度高达每秒 48km 左右，比每秒 30km 左右的地球绕太阳的公转速度快得多，这使得飞往水星的探测器必须具有很高的速度，而探测器如果想要环绕水星甚至登陆水星的话，还得解决另一个难题，那就是在接近水星时减速到能被水星引力俘获的低速度。由于这些难题的困扰，从距离上讲是“邻居”的水星实际上却是最少被行星探测器访问的行星之一。事实上，在 2004 年之前，人类只向水星发射过一个行星探测器，那就是 1973 年 11 月 3 日发射的“水手 10 号”（Mariner 10）。但“水手 10 号”因为没有能力减速，只对水星进行了掠过式（fly-by）探测。直到2011年，人类发射的第二个水星探测器“信使号”（Messenger）在升空六年半之后，才终于进入了一个环绕水星运动的长椭圆轨道。而登陆水星的探测器，则尚不在目前的行星探测时间表上①。

因此不仅目前，甚至在未来若干年内，水星“一日游”都只能是假想性的。

与地球相比，水星的59天左右的自转周期是很慢的，相对于它自己的88天左右的公转周期来说就更是如此。对地球来说，当她自转完一圈后，其在公转轨道上转过的角度还不到1°，从而太阳表观方位的变化也几乎就是一圈。这意味着以太阳方位为标识的地球上的一天或所谓“平均太阳日”（mean solar day）几乎就等于地球自转一圈的时间。但对于像水星这样自转缓慢的行星来说，情形就完全不同了，因为当水星自转完一圈时，它在公转轨道上也转过了大半圈，大大抵消了太阳表观方位的变化。具体地说，由于公转与自转周期之间存在3∶2的轨旋共振，当水星自转完一圈时，其在公转轨道上已转过了2/3圈，而太阳表观方位的变化只有1/3圈。这说明，

① 2015年4月30日美国东部夏令时（EDT）下午3时26分（北京时间2015年5月1日凌晨3时26分），“信使号”水星探测器成功地撞击了水星，以在水星上产生出第一个“人造陨石坑”的戏剧性方式结束了自己的水星探测使命。据估计，“信使号”撞击水星的速度约为每小时1.4×10^4km，撞击产生的“人造陨石坑”直径约为十几米。这是迄今人类航天器与水星的唯一一次“亲密接触”，不过很难称得上是“登陆”。

水星要自转三圈或公转两圈，即两“年”，才能使太阳的表观方位改变一圈，这才是以太阳方位为标识的水星上的一“天”。因此，水星上的一“天”等于两“年”，用我们地球上的“天”来衡量的话，则相当于176天！

由此可见，水星“一日游”是一场旷日持久的旅游。

那么，水星上的环境又如何呢？很遗憾地告诉大家：糟透了。

天文学家们早就知道，水星是没有大气层的①。这是不难理解的，因为水星离太阳太近，大气层会因太阳烘烤产生的高温而散失得较快，而水星的质量——如后文将会介绍的——则较小，只有地球质量的5.5%左右，对大气分子的引力束缚能力较弱。另外，水星磁场的强度只有地球磁场强度的1%左右，无法有效地阻止比地球附近强劲得多的太阳风（solar wind）将大气层“吹走”。这些因素共同造成了水星没有大气层的结果。

没有大气层的一个直接后果是天总是黑的。我们在地球上习以为常的“蓝天”是由阳光在大气层中的散射造成的，在没有大气层的水星上，哪怕是“白天”，哪怕比地球上大得多、

① 当然，说是没有大气层，其实也并非绝对没有，只是微乎其微而已。水星有一个极稀薄的大气层，由原子或离子状态的氢（H）、氦（He）、氧（O）、钠（Na）、钙（Ca）、钾（K）等成分组成。

亮得多、热得多的大太阳高悬头顶，天依然是黑的，依然可以看到满天的星星。这是地球上没有的奇景。水星上的这种特殊景观给科幻作家提供了很好的素材。比如1956年，著名美国科幻作家阿西莫夫（Isaac Asimov）写过一篇题为《幸运之星与水星的大太阳》（*Lucky Starr and the Big Sun of Mercury*）的科幻小说，其中给人印象很深的一个场景就是在水星黑夜与白天的交界线附近远望地平线上巨大而壮丽的日冕（corona）。日冕在地球上是只有在日全食期间才看得见的景象，在水星上却可以轻易看到，并且由于水星离太阳很近，看到的日冕也大得多[①]。

没有大气层的另一个后果，是没有了大气层对温度的调节作用。这一点，加上“日”和“夜”的极为漫长，使得水星上一“天”之中的温差是太阳系中最悬殊的。与之相比，像新疆这种地球上温差较大的地方的“早穿棉袄午穿纱，围着火炉吃西瓜”的温差简直不值一提。具体地说，水星上白天的最高温度与水星离太阳的距离有关，但哪怕在远日点时也高达约280℃，在近日点时更是高达430℃以上，足以熔化某些熔点较低的金属——比如熔点不到330℃的铅。而到了晚上，温度则走向另

① 阿西莫夫这篇小说是一个被称为“幸运之星系列”（*Lucky Starr Series*）的系列科幻中的一篇。这个系列科幻我们在后面还会提到，它名为“幸运之星”（这译名其实是小说主人公名字的意译），实则很不幸地处在了行星探索取得大进展的前夕，结果是小说问世不久，其所描述的很多行星环境就被证实为是大谬不然。相对而言，关于水星这篇还算过得去，毕竟水星没有大气这一特点是正确的，不过当时人们还普遍以为水星总是以同一面朝向太阳，阿西莫夫的故事也有赖于这一点。

一个极端：降到 -180℃左右。

更具体地说，水星上典型的一“天”是这样的：拂晓时的温度是全天最冷的 -180℃左右，这是“黎明前的黑暗”，长夜由此而尽，温度开始攀升；至“早晨八九点钟”，温度升至堪称舒适的 20℃左右；但这种舒适是不能持久的，随着“日头”升高，温度继续上升，在“艳阳高照”的正午时分升至绝对不舒适的 400℃左右；下午两点来钟时，则进一步攀升至全天最炎热的 430℃以上。中国古代有个传说叫做“后羿射日”，说天上曾有 10 个太阳，这当然是无稽之谈，不过拿来形容水星上的太阳倒是颇为合适，因为在近日点附近时，高挂在水星天空上的太阳的表观面积几乎恰好是地球上太阳表观面积的 10 倍左右！只不过，“后羿射日”的传说中后羿射掉了 10 个太阳中的 9 个，而在现实的水星上，唯一能做的就是等待日落。在日落时分，温度会降至勉强能忍受的 -20℃左右；午夜时分则进一步降至约 -170℃①。

很明显，没有足够封闭而隔温的设备，我们是万万不能在水星上逗留的。如此大起大落的温度及没有大气层的环境显

① 当然，这里的时间概念全都对应于将水星上的“天”类比成地球上的天（因此每个“小时”约相当于地球上的一星期）。这里还假定了温度最高时水星恰好运动到近日点附近，并且阳光是直射的（否则的话，温度将会有所不同，因为温度是与具体位置有关的）。另外可以顺便提醒的是，水星上太阳的升落并不像地球上那样规律，而是存在某些有趣的复杂性，比如在近日点附近，水星的公转角速度可以超过自转角速度，从而在水星上某些地方可以看见太阳的逆行。

然也排除了这颗中文名字带“水”的行星上存在液态水的可能性。不过，在某些特殊区域里有可能存在所谓的“水冰”（water ice）——即通常所说的冰[1]。比如以中国元代书法家赵孟頫的名字命名的直径约 167km 的“赵孟頫陨石坑”（Chao Meng-Fu crate）被认为约有 40% 的区域是终日不见阳光的，那里的温度很可能始终维持在 -170℃以下。一般认为，在那样的区域里很可能存在亘古不化的“水冰”，这一点在很大程度上得到雷达回波观测的支持（因为对雷达回波极化状态的研究显示出它很可能是被“水冰”所反射的）。据估计，水星上“水冰”总量有可能高达 1000 亿 ~10 000 亿吨，相当于地球南极区域所储数量的万分之一左右。

水星上的一“天”如此漫长，“一日游”若不四处活动一下将会是极度乏味的。那么，水星上的活动空间有多大呢？还真不小。虽然自冥王星被降级之后，水星已是太阳系中最小的行星，但它的直径——如后文将会介绍的——仍有约 4879km，表面积几乎达到地球陆地面积的一半左右，或相当于亚洲与非洲的面积之和。漫步水星表面，最显著的景观就是陨石坑。由于没有大气层，大大小小的陨石都能撞击到水星表面，而不会像在地球上那样，较小的陨石在穿越大气层时被摩擦产生的高温烧毁。在水星表面的陨石坑中，最大的一个被称

① 之所以用“水冰”这样古怪的名称，是因为当我们离开熟悉的地球环境来讨论其他天体上的“冰”时，在地球上通常只以液态或气态存在的物质——比如通常只以气态存在的二氧化碳也能加入“冰”的行列，从而有必要加以界定。

为卡洛里盆地（Caloris Basin），直径达1550km左右，面积比中国的新疆还大，形成于38亿~39亿年前。据推算，形成卡洛里盆地的“肇事者”是一颗直径在100Km以上的巨型陨石。它的撞击不仅造成了巨大的卡洛里盆地，而且产生了几乎能飞散到水星各个角落的碎片，撞击造成的“地震波”甚至在与撞击点遥遥相对的水星表面另一侧的所谓的“对跖点”（antipode）处汇聚，对那里的地貌造成了巨大破坏[①]。这种巨大撞击对天体表面“对跖点”附近地貌造成破坏的现象被称为“对跖点效应”（antipode effect），并非水星所独有。这种效应的存在，意味着在真正巨大的陨石撞击下，最远离撞击点，貌似最安全的“对跖点”具有特殊的不安全性。当然，对于我们这些脆弱的地球生物来说，远比那小得多的陨石撞击就足以对生物圈造成毁灭性打击，那种意义上的不安全性也就谈不上了。

在没有大气和液态水的环境里，陨石坑不会像地球上的地貌一样受到风化等效应的侵蚀，从而忠实地记录了水星在悠长岁月里——尤其在早期所遭受的猛烈的陨石撞击。这种记录的忠实程度甚至使天文学家们能够用陨石坑的密度来粗略地估计水星表面很多地貌的年龄：陨石坑密度较低的地貌相对年轻，陨石坑密度较高的地貌则相对古老。这种方法被称为“撞击坑计数”（Crater counting），它对于估计像水星这样尚未被

---

① 也有一种猜测是撞击产生的碎片直接砸到了“对极点”上。

探测器登陆过，也没有岩石样本可以研究的天体的地貌年龄是很重要的。不过，也正是由于没有岩石样本可以研究，从而无法进行可靠的校正，这种估计的误差也比较大。比如次级陨石坑（即由真正的陨石撞击所产生的碎片撞击出的陨石坑）就会对这种方法产生干扰。此外，这种方法在很大程度上依赖于水星与月球的相似性，以月球作为校正基准，但处于太阳系不同区域的水星与月球虽有一定的相似性，比如都没有空气，在陨石撞击方面究竟有多大的可比性还是一个未知数。

除陨石坑外，水星表面还有很多其他地貌，比如有高原、平原之分，还存在皱脊（wrinkle ridge）、峭壁、山谷，以及早期岩浆活动的痕迹等。不过跟绚丽多姿的地球相比，水星是很乏味的，连色调都是灰暗的，灰暗的表面、黑暗的天空、酷寒的长夜，外加一挂就是几个月之久的恐怖的大太阳，这基本上就是水星“一日游”的核心内容了。不过，对普通游客虽然乏味，但像水星这种在漫长时间里地貌未受风化等效应侵蚀的行星如同巨型的化石，对研究整个太阳系的形成都有重要价值，这对天文学家们来说是很有吸引力的。

3. 水星的结构与起源

接下来再谈点比较物理的东西——先从简单的谈起。

当我们越出行星本身的范围，用更广的视角来看，一个行星最简单、但也算得上最重要的物理性质乃是质量。说它“重要”，是因为行星对外显示的力量主要是引力，而质量是引力的源泉。说它“简单”，则是因为质量是一个总量，不像地貌那样琐碎；而且数值稳定，不像温度那样多变；更主要的是，质量通常是很容易确定的，比如地球的质量是中学生都能推算的——当然，前提是万有引力常数的数值已知①。

不过这种“简单”到了擅出难题的水星这里也变成了难题，因为测算行星质量的基本思路是利用行星的引力，具体方法则是观测在行星引力作用下物体——比如卫星的运动。不幸的是，水星却是一位“光杆司令”，连一颗卫星都没有。因此，本该

① 对推算地球质量感兴趣的读者可参阅拙著《上下百亿年：太阳的故事》（清华大学出版社 2015 年 8 月出版）的第 7 章。

很容易确定的质量在水星这里却变成了难题。

当然，这个难题绝非无解。比如 1841 年，德国天文学家恩克（Johann Franz Encke）率先通过分析一颗经过水星附近天区的彗星所受的引力摄动，对水星质量进行了粗略测算①。又比如 1968 年，小行星伊卡鲁斯（1566 Icarus）从距离水星 1.6×10^7km 处掠过，天文学家们通过对它所受水星引力摄动的分析，也对水星质量进行了测算。测算水星质量的其他手段还包括利用其对离它最近的行星——金星的引力摄动，以及利用其对“水手 10 号”（Mariner 10）行星探测器的引力摄动等。但最精确的测算，则是利用已成为水星“人造卫星”的“信使号”水星探测器。经过一系列测算，水星的质量被确定为 3.3×10^{20} 吨左右，仅相当于地球质量的 5.5% 左右，在太阳系行星之中是最小的。

另一方面，水星的大小早在公元 5 世纪就被一位印度天文学家以不可思议的运气估算到了 99% 的精度，此后经“水手 10 号”探测器等的测定，被确定为了直径约 4879km。由于自转缓慢，水星几乎不存在因自转造成的形变，总体形状非常接近球形。由质量和直径不难计算出水星的表面重力加速度约

① 读过拙著《那颗星星不在星图上：寻找太阳系的疆界》（清华大学出版社 2013 年 12 月出版）的读者也许记得，海王星是在德国的柏林天文台被发现的，当时的台长名叫恩克。这世界很小，学术圈——尤其是当年的学术圈——更小，那位恩克与这里提到的恩克正是同一人。

为 3.7m/s^2，相当于地球表面重力加速度的 40% 左右。这意味着，一个 60kg 的人在水星上的体重仅为 22.5kg 左右，会有“身轻如燕”的感觉。

由质量和直径还可计算出水星的平均密度约 5.4g/cm^3。这是一个非同小可的密度，在太阳系行星中仅次于地球的约 5.5g/cm^3。但是，地球由于质量比水星大得多，其密度在一定程度上是被巨大的“自重”压出来的，若把这一因素剔除，地球物质的所谓“非压缩密度”（uncompressed density）其实只有 4.4g/cm^3 左右，甚至更低。相比之下，水星由于质量小，其密度显得更“货真价实”，哪怕剔除掉“自重”造成的压缩作用，也仍高达 5.0g/cm^3 以上。因此，从单纯的物质组成来讲，水星其实是一个密度比地球更大的行星，也是太阳系中密度最大的行星。

密度这么大的一个直接推论就是水星上含有超高比例的重元素，尤其是铁或铁的化合物——因为铁是太阳系中最常见、数量最多的重元素。在重力影响下，经过几十亿年的漫长时光，水星上的重元素大都沉入内部，构成了一个富含重元素的核心（core）。从水星的密度可以推知，它的这一核心约占总质量的 75%~80%，远高于地核占地球总质量的 32.5% 的比例。相应地，水星的类似地幔和地壳的部分在总质量中所占的比例则比地球及其他类地行星（Earth-like planet）小得多，堪称一种“皮薄馅厚”的奇特结构。

水星为什么会有超高比例的重元素及“皮薄馅厚”的奇特结构呢？这是它给天文学家们出的又一道难题——一道侧重物理的难题。初看起来，这题目似乎并非真的很难，因为太阳系形成之初，离原始太阳这一“光明的源泉”越近的区域温度越高，从而使得行星盘中较轻的、易挥发的物质倾向于被驱离到远处，留下来的则富集了不易挥发的重元素。这个特点在定性上与太阳系中固态的类地行星离太阳近，气态的巨行星（gas giant）离太阳远的大格局基本一致。按照这个特点，离太阳最近的水星理应有最高比例的重元素。

不过，定性上虽能说通，定量上却还差点。计算表明，由上述因素所产生的“非压缩密度”只能达到 4.5g/cm^3 左右，与 5.0g/cm^3 以上的实际值尚有不小的偏差。为了解释这一偏差，一些天文学家做出了一个大胆的猜测：水星原本是一个比现在大得多的行星，只是在演化的早期不幸遭遇了一次超级撞击，撞击的双方分别为质量约为目前水星质量两倍的“原水星”（proto-Mercury）和一个质量约为目前水星质量 1/5 的“大陨石”。这种比形成“卡洛里盆地”的撞击还要恐怖无数倍的超级撞击的后果可就不是什么陨石坑或“对跖点效应”了，它不仅使“原水星”的成长中途“夭折”，而且还对整个外层造成了毁灭性破坏，大部分物质惨遭剥离，使原本正常大小的核心相对于残存的外层来说变得异乎寻常的大。

这种猜测可靠吗？实在很难说！在太阳系形成的早期，超级碰撞的发生本身当然不是不可思议的，但对于这种发生在几十亿年前的灾变型事件，想寻找确凿证据却是极其困难的。而这种事件的规模之剧烈，不定因素之众多，又使得理论计算注定只能是粗略的。如果一定要对这种难以精密验证的猜测进行评价的话，也许只能耍滑地说上一句“希望与挑战并存”：这种猜测有希望定性地解释诸如超高比例的重元素、“皮薄馅厚”的奇特结构那样的特征；但它也面临一些挑战，比如按这种猜测，水星外层最易被剥离的挥发性物质的含量应该微乎其微，但“信使号”水星探测器却在水星外层发现了数量较多的挥发性物质。看来，关于水星的这道侧重物理的难题还有待进一步探索。

水星给天文学家们出的另一道侧重物理的难题则是我们前面提到过的水星的磁场。水星磁场的强度只有地球磁场强度的1% 左右，强度虽小，但它出现在像水星这样“小块头”的行星上却仍然是出乎意料的。水星的磁场是如何产生的呢？这也是一道难题。

关于天体磁场的产生，目前最流行的机制是所谓的“发电机机制”（dynamo mechanism），它要求天体内部存在旋转或对流着的导电流体。这对于像地球这样“大块头”的行星或像太阳那样的恒星来说是轻而易举就能实现的，但对水星来说却有点麻烦。因为水星的质量实在太小了，是被假设有可能存在发电机机制的质量最小的天体。质量小为什么有麻烦呢？这是因为天体内部导电流体的存在需要一个能熔化内部物质的高温环境，而后者的产生又通常有赖于天体“自重”带来的巨大压强。因此，发电机机制对天体质量有一定的要求，而像水星这样质量较小的行星似乎难以满足要求，从而有点麻烦。

为了解决麻烦，天文学家们提出了一些假设，比如假设水星内部存在较多的放射性物质（它们衰变产生的能量有助于实现高温环境），或假设存在特殊的隔热物质防止热量散失（有助于维持高温环境）。造就高温环境的另一种可能的幕后推手是水星所受太阳引力的潮汐作用，这种作用对于像水星这样离太阳近，而且轨道偏心率大的行星是比较显著的，它会使水星因形变而产生能量。

除了造就高温环境外，降低水星内部物质的熔点也有助于导电流体的存在。这方面的一种假设是认为水星内部某些区域的铁与其他物质（比如硫）组成了熔点较低、更容易成为流体的化合物，比如硫化铁，它的熔点比铁低 300℃。这种假设有一个额外的好处，就是水星的密度虽然很高，却也没有高到铁的程度，假设一部分铁与像硫那样密度较低的元素组成化合物，从密度角度讲也有一定的合理性。

当然，上述假设并非互相排斥，而是有可能共同起着作用。除发电机机制外，也有天文学家猜测目前的水星磁场乃是过去曾经有过的磁场的残余。这种猜测的好处是不必假设水星内部目前仍存在导电流体，从而不必煞费苦心地为这种存在寻找理由。缺点则是水星的磁场虽然微弱，作为残余磁场却似乎又太强了。

真正的答案是什么呢？目前还无法知晓。我们确切知晓的是：所有这些有关水星磁场的假设或猜测都有赖于水星内部的物质分布，而后者又有赖于对水星更详细的观测来间接推算。在目前这种观测数据比较匮乏的情形下，推算不出唯一的模型，确立不了模型的可靠性，都是不足为奇的。

关于水星我们就介绍到这里，没有空气、酷热、严寒……是水星环境的主要标志，这样的环境无疑是“糟透了”，但在行星大世界里，它远不是最糟糕的——事实上，跟它的邻居、离太阳次近的金星相比，水星的环境已经算不错的了。

第2章

堕入地狱的姊妹——金星

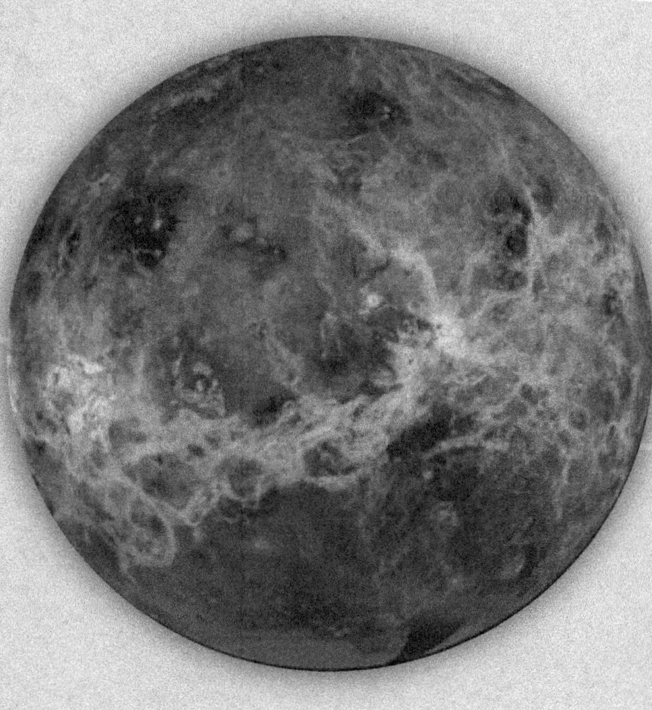

1. 天堂般的想象

金星（Venus）是离太阳第二近的行星，在半径约 1.08×10^{8}km 或约 0.72 天文单位的轨道上绕太阳转动，公转周期约为 225 天（更精确的数值约为 224.65 天）。金星的轨道非常接近圆形，偏心率仅为 0.007 左右，是太阳系行星之中最小的。金星同时也是离地球最近的行星，与地球的最近距离只有 4.1×10^{7}km。

与水星的情形相似，离太阳近意味着金星能反射较多的阳光，离地球近则意味着表观亮度较大。不过，与水星因离太阳"太近"而抵消了所有优势，反成为了很难观测的行星不同，金星离太阳"近"却又并非"太近"，而且块头——如我们很快将会提到的——比水星大得多，使它不仅成为了最大表观亮度仅次于太阳和月亮的全天排名第三的最明亮天体，并且不至于被太阳的光芒所干扰。事实上，金星的明亮几乎达到了颠覆普通人对星星印象的程度，它不仅有可能在晴朗的白天——不仅仅是黎明或黄昏——被看见，还有可能在晴朗的夜晚让物体投下影子——虽然只是勉强可以分辨的影子!

由于金星的明亮和易于观测，几乎所有古文明都留下了有关金星的记载，很多还赋予了她美丽动人的神话故事。比如在希腊和罗马神话中金星是掌管爱情与美丽的女神，希腊名为阿佛洛狄忒（Aphrodite），罗马名为维纳斯（Venus）——后者也正是“金星”的英文名称；在苏美尔（Sumer）神话中金星被称为依楠娜（Inanna），是天堂的女王（Queen of Heaven），掌管的东西则从爱情到战争、从智慧到生育，五花八门（这不是偶然的，越是简单的神话体系，角色分工就越粗糙）；西非的加蓬共和国（Gabonese Republic）更有趣，把出现在黎明和黄昏的金星各当成一个女神，让她们与丈夫一同出演“三角恋”——而且那“丈夫”本身也很有趣，居然是月亮！在希腊和罗马的行星命名体系中，金星是唯一一个以女神命名的行星，这大概也寄托了人们对这颗明亮行星的美好想象吧。

与这些美丽动人的神话遥相呼应的，是直到20世纪中叶，人们还对金星存有种种后来被证实为完全错误的幻想——且清一色都是美化了的幻想。与古老的神话不同，现代的幻想是有一定理论基础的。那基础首先就是：金星的块头跟地球很相近。具体地说，金星的直径约为1.2×10^4km，相当于地球直径的95%左右；金星的质量约为4.9×10^{21}吨，相当于地球质量的 82% 左右[①]。此外，金星的公转轨道半径也跟地球的比较接近，是地球公转轨道半径的 72% 左右，这意味着两者的物质组成也很可能是相似的，因为行星的物质组成跟它在行星盘上所处的位置有关，位置相近的行星物质组成也相近。

由于这种种的相近性，早期的人们普遍相信，金星具有与地球相近的表面环境。

既然表面环境与地球相近，那么一个顺利成章的推论就是金星上很可能像地球上那样存在生命，甚至智慧生命。这种推论回溯起来的话，是跟日心说（Heliocentrism）的确立不无关系的。日心说带来的一个最大的观念变革就是剥夺了地球的特殊地位，使她成为了行星的一员。地球成为了行星的一员，也就意味着行星成为了"地球"的一种。而"地球"的最鲜明特点就是存在生命。因此，在日心说确立之后很多人开始相信大多数——甚至全部行星上都存在生命。比如德国哲学家康德（Immanuel Kant）在《自然通史和天体论》（*General History of Nature and Theory of the Heavens*）一书中就认为绝大多数行星上都是有生命的，"即使现在没有，将来也总会有的"。

当然，随着对行星与生命的了解逐渐深入，人们开始依据

① 由此不难计算出金星的表面重力加速度约为 $8.9m/s^2$，相当于地球表面重力加速度的 90% 左右。

某些被视为支持生命所必需的东西——比如大气和水的缺乏，来排除或大幅调低某些行星——比如水星上存在生命的可能性。但金星上存在生命的猜测却顽强地持续到了20世纪中叶。

比如著名美国科幻作家布拉德伯里（Ray Bradbury）在1950年发表的科幻小说《不停息的雨》（*The Long Rain*）中，设想了金星上存在丛林和几乎永不停息的雨。阿西莫夫在1954年出版的《幸运之星与金星的海》（*Lucky Starr and the Oceans of Venus*）一书中，则设想了覆盖整个金星的海，以及丰富的水生动植物。阿西莫夫并且借小说的主人公说了一段如今看来特别有趣、几乎与历史恰好相反的话：“直到20世纪后期，天文学家们还以为金星上没有水，当飞船开始降落时，人们才发现情况并非如此”①。

不仅科幻作家陷入了美丽的想象之中，科普作家乃至科学家也是如此。比如英国皇家天文学会会员、科普作家穆尔（Patrick Moore）在1954年出版的《金星》（*The Planet Venus*）一书中写道：“宣称金星上注定完全没有生命是危险的”，并且他认为，金星上有可能存在初级生命，今后则有可能演化出高等生命。1903年诺贝尔化学奖得主、瑞

① 阿西莫夫这本书也是“幸运之星系列”（*Lucky Starr Series*）中的一篇，并且是设想与现实出入最大的一篇。他后来在《地球以外的文明世界》（*Extraterrestrial Civilizations*）一书中感慨道：仅仅两年时间，这部可怜的小说就完蛋了——当然，对于粉丝来说，这只是他在“硬科幻”（hard science fiction）的高标准之下的谦虚。

典物理化学家阿伦尼乌斯（Svante Arrhenius）则提出金星比地球潮湿得多，到处水淋淋的，那里的生物生长得很快，寿命也许比较短。

为这种想象保驾护航的，是金星有一个浓密的大气层，浓密得像美女的面纱一样遮蔽了金星的表面。金星的大气层最初被人们注意到是在1761年，那一年有一次著名的金星凌日（transit of Venus），即金星相对于地球，从太阳前面经过的现象①。对地球而言，太阳系中的这种行星凌日只能发生在水星和金星上——因为只有这两者比地球离太阳更近，才可以相对于地球，从太阳前面经过。在观测1761年的那次金星凌日时，俄罗斯科学家罗蒙诺索夫（Mikhail Lomonosov）发现在凌日开始和结束的时候，即金星表面与太阳边缘在表观上相交的时候，相交处附近会出现光线上的异常，比如凌日结束时在金星边缘处出现了被称为“罗蒙诺索夫弧”（Lomonosov's arc）的弧状凸起。罗蒙诺索夫认为，这种

① 1761年的金星凌日发生在1761年6月6日，并且早在45年前的1716年就被英国天文学家哈雷（Edmond Halley）所预言。哈雷的这一预言远比对后来以他名字命名的哈雷彗星（Halley's Comet）回归年份的预言更精确，并且从某种意义上讲也更重要，知名度却低得多。究其原因，也许是金星凌日不像哈雷彗星那样可以被公众所目睹吧。

光线上的异常，是金星大气层对阳光的折射作用造成的[①]。

浓密的大气层为什么能为有关金星生命的想象保驾护航呢？首先，是因为它一方面阻止了对金星表面的细致观测，另一方面却不妨碍人们用想象力描绘金星表面的模样，从而特别有利于营造一个易于想象、却难以辨伪的生命天堂。其次，是浓密的大气层还可以为金星上存在生命提供一个听起来颇有道理的理由，那就是浓密的大气层可以反射掉大量阳光，从而使得金星表面不至于因为比地球离太阳更近而过于炎热。这个理由是天王星的发现者、著名天文学家赫歇尔（William Herschel）提出的，是一个很聪明的理由，因为这个理由不仅可以增加金星的“宜居”程度，而且还附带解释了金星为何会如此明亮——因为行星是因反射阳光才能被我们看见的，被金星大气层反射掉的阳光越多，金星显然就会越明亮。

当然，天文学家们的观点也并非铁板一块。起码在早年，不认为金星有一个浓密大气层的也不乏其人。比如洛厄尔天文台（Lowell Observatory）的创始人、美国天文学家洛厄尔（Percival Lowell）就一度认为自己在金星表面上发现了“运

① 在对金星凌日的观测中，天文学家们还观测到过一种被称为“黑滴效应”（black-drop effect）的现象，即金星圆面在刚刚进入太阳圆面之后或即将离开太阳圆面之前的一小段时间内与太阳之间以“黑滴”相连的现象。这种现象也一度被认为是金星存在大气层的证据。不过现在一般认为，“黑滴效应”有可能是仪器缺陷所致，因为在外层空间观测没有大气层的水星凌日时也观测到过“黑滴效应”。

河”，并以此说明金星不存在浓密的大气层（因为否则的话，他就无法作出那样的“发现”了）。考虑到洛厄尔曾经“发现”过火星运河，在比火星更近的金星上“发现”运河倒也不奇怪①。除他之外，自认为在金星表面发现了其他地貌的天文学家也不乏其人，他们也都在一定程度上否认金星存在浓密的大气层。

天文学家们对于金星是否存在浓密的大气层虽有不同看法，但在相信金星这颗与地球如此相似的行星上存在生命方面却比较一致。对于种种被认为是金星地貌的“发现”，他们往往倾向于从生物角度作出解释，试图推测出金星生命的特征。其中最可笑的一个例子也许是对所谓金星“灰光”（ashen light）的解释。所谓金星“灰光”，是指某些天文学家宣称观测到的金星夜晚一面发出的微弱光亮。这种连存在性都有争议的微弱光亮被19世纪的天文学家冯·格雷休森（Franzvon Gruithuisen）很离奇地诠释为了来自金星上新国王加冕时居民点燃森林的风俗！为了解释一个有争议的“观测”，居然杜撰出如此复杂的假设，真是够拼的。由此也可看出，当一个人先入为主地坚信某种东西而又缺乏充足证据时，荒谬的观点是多么容易应运而生。它同时也显示出肉眼——哪怕借助于望远镜作为观测手段的不可靠性。幸运的是，后来发展起来的天体

① 关于洛厄尔的某些事迹，可参阅拙著《那颗星星不在星图上：寻找太阳系的疆界》（清华大学出版社2013年12月出版）。

照相技术通过将难以复核的肉眼记录换成了容易复核的相片，在一定程度上减少了此类错误的发生。

与金星有关的错误不仅出现在很多人热切想象着的金星生命上，还出现在了某些本该是冷冰冰的数据上——比如金星的自转周期。

金星跟水星有一点很相似，那就是都给天文学家们测定其自转周期造成过很大的困难，只不过对水星来说，那困难源自轨旋共振外加种种巧合造成的误导，而对金星来说，困难则源自浓密的大气层。因为早期测定天体自转周期的标准办法是选定天体表面的某些固定“地标”，观测它们的运动。但金星浓密的大气层不仅遮蔽了金星表面，而且本身也几乎没有任何稳定且可分辨的结构，从而使得早期天文学家们几乎没有任何方法测定金星的自转周期。不过，就像它不曾妨碍人们想象金星的地貌一样，金星浓密的大气层也未能阻止人们用臆想出来的金星地貌来“观测”金星的自转周期。这种“观测”从 17 世纪一直持续到 20 世纪中叶，所得的结果中有很大一类集中在 24 小时附近。读者们从这数值大概已不难猜到它们的由来——是的，那是将金星与地球的相似性推广到了自转周期上所致。这种推广是毫无道理的，除去与太阳或自己的卫星之间可能存在轨旋共振外，行星的自转周期是有很大偶然性的，哪怕金星真的在其他方面与地球相似，也没有任何巧合以外的理由预期她的自转周期会接近地球。那样的“观测”结果与其说是天文学，恐怕不如说是心理学①。

① 除了将金星与地球的相似性推广到自转周期上这一因素外，后人受前人影响也被认为是“观测”结果集中在24小时附近的原因之一，因为最早测定金星自转周期的17世纪意大利天文学家卡西尼（Giovanni Domenico Cassini）“观测”到的金星自转周期为23小时21分。在并无实质东西可测的“观测”中，后人的“观测”结果附会前人是常有的事。另外值得一提的是，除了集中在24小时附近的那一类“观测”结果外，自1877年起，另一类结果也常被“观测”到，那就是恰好与金星公转周期相同的225天左右的自转周期。很明显，那是先入为主地以为金星的公转与自转之间存在“潮汐锁定”所致。

2. 地狱般的现实

关于金星的种种想象自 1956 年起受到了严重挑战。那一年天文学家们开始注意到金星会发射大量的微波辐射。与针对水星的微波研究显示出水星背着太阳那一面并没有如想象中那样的寒冷相类似，针对金星的微波研究显示出金星表面比想象中的热得多，使“不停息的雨”“覆盖整个金星的海”“丰富的水生动植物”的存在变得岌岌可危，“新国王加冕时居民点燃森林的风俗”就更甭提了。1962 年，与通过雷达波测定水星自转周期的方法相同，天文学家们也测定了金星的自转周期，结果表明此前针对金星自转周期的名为“测定”实为“想象”的结果通通都错了，而且错得特别没面子：不仅数值错了，连方向都搞反了。

如今我们知道，金星是太阳系中唯一一个逆向自转——自转方向与公转方向相反的行星。除此之外，它的自转周期本身也在太阳系行星之中占据了一个“最”字，即自转周期约为 243 天，是太阳系行星之中最长的。由此不难计算出（请读者仿照前一篇对水星的计算自己试试），金星上的“平均太阳日”——金星上的“一天”——若用地球上的“天”来衡量的话，约为 117 天。由于金星的逆向自转，假如有人能在金星表面观看太阳的话（事实上起码用肉眼是不能的），金星的逆向自转将意味着太阳从西边升起，往东边落下。而金星上的“平均太阳日”约为 117 天则意味着白天和黑夜各长达 58 天左右。假如金星大气层的保温能力类似于地球大气层的话，如此漫长的白天和黑夜所导致的昼夜温差几乎铁定会使液态水无法长期存在，而假如金星大气层的保温能力比地球大气层强得多的话，金星表面的温度又会太高，这些无疑是给有关金星的想象又泼了一瓢冷水。

不过人们已无需再用这种冷水来清醒自己了，一类更可靠的探测手段——行星探测器很快给出了更直接、更明确的结论。

金星自古以来给人们留下的迷人印象，加上与地球的距离最近，且又不像水星那样因离太阳太近而有太高的公转运动速度（金星的公转运动速度约为每秒 35km，只比每秒 30km 左右的地球公转运动速度略快），使她顺理成章地成为了行星探测器造访的首个行星。1961 年，距人类迈入航天时代才不过 4 年，美国与苏联这对无处不争的冷战死对头就开始竞相往金星发射行星探测器。在经历了四次失败——美国失败了一次、苏联失败了三次之后，由美国拔得了头筹：1962 年 8 月 27

发射的“水手2号”（Mariner 2）探测器在飞行三个多月之后成功完成了对金星的掠过式探测。虽然技术相对粗糙、误差相对较大，探测的结果仍足够直接和明确地证实了金星存在浓厚的大气层以及金星表面有极高的温度，从而铲除了此前某些天文学家顽固坚持的最后一丝侥幸（比如将微波辐射所显示的高温归咎为金星大气层中的某种效应，而试图维持金星表面的“宜居”状态）。

自那以后直至冷战结束前的二十几年间，美苏两国又先后向金星发射了几十个探测器，有掠过式的，也有环绕式（即成为金星的卫星）的；有进入大气层的，也有着陆表面的。在最密集的时候，甚至出现了美苏两国的探测器先后只差一天抵达金星附近的壮举。这其中令人印象最为深刻的是苏联的“金星”（Venera）系列探测器中有不止一个在金星表面成功着陆，并发回了相片。那是美国忙于“阿波罗”计划（Project Apollo）期间苏联独辟蹊径研发更坚固的行星探测器所取得的成果。那段激动人心的探索和竞争的历史虽有美苏冷战的背景，却也许是冷战带来的最正面的效应之一。冷战结束后，金星探测器的发射密度骤降（金星表面存在生命可能性的幻灭也在一定程度上降低了人们探测金星的兴趣），只有美国和欧洲发射过寥寥可数的几个新探测器。

经过这些探测，由浓密大气层构成的金星面纱被初步揭开，美丽的想象则随之破灭，形容金星表面环境的“关键词”也由“水淋淋的”变成了“地狱般的”（hellish）。

这“地狱般的”环境首先体现在温度上。经过反复测定，金星表面的温度高达 460℃左右，比正午时候阳光直射处的水星表面温度还高。不仅如此，在水星上你可以找到“凉快”甚至寒冷的地方，也可以等待温度因日落而降低，在金星上，那全都是没希望的。金星表面几乎是一个等温区域，没有季节和地域之分，就连长夜和两极也经受着与白天和赤道相近的高温炙烤。当然，确切地说温度的差异也并非没有，只不过不在于白天还是黑夜，也不在于赤道还是两极，而在于高度：在金星表面上高度越大，温度就越低，就像地球表面上山顶的温度低于地面的温度一样。更具体地说，高度每上升 1km，温度约下降 8℃。由于这一缘故，金星表面最“凉快”的地方是在金星的最高峰、“海拔”11 000m 的“麦克斯韦峰”（Maxwell Montes）的峰顶上，那里的温度“只有”380℃左右。

金星表面为何会如此炎热？这还得追究到它那一度被当成美女面纱的大气层。

金星的大气层比地球的浓密得多，以单位面积上方的大气总质量而论，约相当于地球上的 99 倍，以表面大气压而论，则相当于地球上的 92 倍左右（感兴趣的读者可以思考一下，为何大气总质量和大气压的倍数不同？）。这是一种很可怕的压强，它意味着在金星表面建一间适合住人——即内部压强为一个大气压的屋子要比在水星上困难得多，除了要像在水星上一样具有封闭而隔温的性能外，它还必须极为坚固，哪怕屋子的面积只有 $10m^2$，屋顶所需承受的金星大气压强也将相当于压上一万吨的重物！

当然，与温度相仿，金星表面的大气压强也是随高度而下降的，比如在“麦克斯韦峰”的峰顶上压强就“只有”45 个大气压左右。金星这种浓密的大气层确实如赫歇尔所提出的那样，可以反射掉大量的阳光——具体地说，反射掉了 80% 左右的阳光，比地球大气层反射掉的阳光比例（约 25%）大得多，甚至足以抵消金星比地球离太阳更近这一因素，使得金星表面单位面积所接受的阳光能量实际上比地球还少。假如这就是全部因素的话，那么金星表面就确实将如赫歇尔所认为的那样，不至于因为金星比地球离太阳更近而过于炎热（甚至还将比地球更凉快）。但赫歇尔所不知道的是，金星大气的成分与地球大气大不相同，其中 96.5% 是恶名昭著的温室效应气体二氧化碳（作为比较，令很多人忧心忡忡的地球大气中的二氧化碳比例仅为 0.04%）[①]，由此产生的“捂热”效应远远盖过了因反射阳光带来的降温效应，这正是金星表面如此炎热的根本原因。

① 这两个比例都是以体积而论的比例。

但是，金星表面的炎热不分赤道与两极，不分白天与黑夜又是什么原因呢？答案涉及几个层面：比如金星的公转轨道非常接近圆形，意味着它在公转轨道的任何位置接受到的阳光能量几乎相同；又比如金星自转轴与公转轴的夹角不到3°，远小于地球的约23.4°，意味着金星上几乎不存在季节差别。不过这些都是次要的层面，真正根本的原因仍在于金星那浓密的大气层。在高达460℃的温度，以及92个大气压的恶劣环境下，作为金星大气主要成分的二氧化碳已不再是普通气体了，而变成了兼具气体和液体性质的所谓超临界流体（Supercritical fluid）①。因此从某种意义上讲，金星表面可以算是被二氧化碳的“海洋”所覆盖着，阿西莫夫设想的“金星海”确实是存在的，只不过成分大相径庭。据测定，“金星海”里的“海水”流动速度——也就是金星上的风速很慢，约在2m/s以下。那样的速度若是用地球上的风速来衡量，恐怕连微风都算不上，只能叫做“轻风”。不过别小看了金星上的这种“轻风”，由于金星表面的空气密度高达67kg/m^3（约为地球表面空气密度的55倍），它所携带的能量可不小②，足以“飞沙走石”。不仅如此，金星上的风携带热量的能力也不小。事实上，“金星海”的重要特点之一，就是有极强的传热能力，正是这种能力使金星表面几乎成了一个等温的“地狱”。

① 二氧化碳成为超临界流体的临界温度和临界压强分别约为31℃和73个大气压，其中前者是地球表面都能达到的，后者则相当苛刻，但仍低于金星表面的大气压强。

② 感兴趣的读者请想一想，金星上速度为2m/s的风以所携带的能量密度而论，对应于地球上什么样的风速？

无处可躲的460℃的高温，加上92个大气压的可怕压强，仅此两项，就超出了意大利诗人但丁（Dante Alighieri）对地狱的想象。在那样的环境下，别说是血肉之躯，就连着陆金星表面的探测器也往往只能“存活”很短的时间，比如几十分钟或几个小时，还有些干脆没熬到着陆就先“失联”了。但金星环境给人的恶劣感觉还不止于此。金星那以二氧化碳为主，对人类来说无法呼吸的大气层有一点倒是跟地球大气层类似的，那就是有“云”。但是，别以为在金星上能看到蓝天白云的美景，这云在几十公里的高空，颜色是黄色的，主要成分之一则是硫酸！

有云通常就会有雨，云既然是硫酸云，雨自然也是硫酸雨——不过倒是不必担心那硫酸雨会落到金星表面，因为远在“雨点”能落到地面之前，就在高温中被蒸发殆尽了。雨有了，那么雪呢？金星上会下雪吗？有人也许会笑话，这么高的温度怎么可能下雪呢？这个直觉当然没有错。不过，如我们在第1章已经介绍过的，一旦离开熟悉的地球环境，很多概念的含义就可能发生变化，比如“冰”未必一定是“水”的凝结。“雪”也类似，金星上虽不存在由水凝结而成的雪，却很可能存在由硫的金属化合物等矿物质凝结而成的“雪”——有些科学家称之为“金属雪”（metallic snow）。这种雪对人类来说当然没有任何诗情画意可言，它的熔点高达几百摄氏度，跟金星的表面温度相比虽然可以算“冷”，对人类来说绝对是“烫手的山芋”。金星上的雪只会飘落在有一定高度的山坡上——因为那里的温度较低，所造成的观测效应使山坡对雷达波的反射率显著增加。不过，这一切到目前为止还只是一种很有可能的假设。

此外，金星探测器还在金星大气层中发现了打雷和闪电的证据。由于金星探测器的工作时间大都很短，能够探测的区域也很有限，在如此有限的时间及区域中就能发现证据，说明金星大气层中的雷电活动有可能是相当频繁的，甚至有可能比地球大气层中的同类活动更频繁。

金星表面不仅环境恶劣，景观也乏善可陈。在浓密的金星大气——尤其是硫酸云的笼罩下，金星表面哪怕在白天，也像地球上的阴天一样看不见太阳，光照程度也相若①，能见度则在几千米左右。1975 年，当苏联探测器“金星 9 号”首次从金星表面发回黑白相片时，苏联天文学家曾将金星上的景象形容为“莫斯科的一个多云的日子”。“金星 9 号”的黑白相片所不能显示的，是金星上的总体光照偏于红色和黄色——颇有些地狱特色。到了夜晚，金星的天空上既没有星星，也没有月亮——前者是看不见，后者则根本就不存在，因为金星和水星是太阳系仅有的两个没有卫星的行星。不过金星的夜晚也并

① 从前面提到过的金星大气层反射掉了 80% 的阳光中可以预期到这一光照程度：由于比地球离太阳更近，金星接收到的阳光总量比地球多一倍左右，但 80% 这一反射率却超过了地球大气层的 25% 的反射率不止一倍，因此金星表面的光照仅相当于地球上阴天的光照。

不是一团漆黑，金星炽热的地面在夜晚会发出淡淡的红光——另一个颇有地狱特色的景象。除了这些固定的光亮外，金星上偶尔有可能出现些其他光亮，比如闪电，另外还有些天文学家则认为在金星的夜空里有时能看见类似于地球上“夜光云”（noctilucent cloud）那样的发光云团。但总体来说，金星上的光照是极单调的，并且有一种地狱般的压抑感。

“金星 14 号”所拍摄的金星表面

光照不尽人意，那么地貌呢？在金星的地貌中有值得观赏的景观吗？答案是：也很够呛。其中最令人瞩目的景观大概就是火山了。金星上的火山特别多，是太阳系行星中最多的——大概可算地狱特色的又一种体现吧。据统计，金星上仅直径在100km 以上的大型火山就有数百座，比地球上多出两个数量级，各种小火山更是数不胜数，有可能多达数十万，甚至上百万座。相应的，金星上约 80% 的区域是火山平原。金星上的火山不仅数量特别多，在形态上也有一定的独特之处，比如有很多长长的岩浆“渠道”（channel），这显示岩浆在喷发之后，也许是拜高温环境之赐，长时间维持了液态，从而流得很远。

除火山外，陨石坑当然也是景观之一。不过跟水星不同，金星上几乎见不到直径 3km 以下的小陨石坑。这是因为太小的陨石在穿越浓密的金星大气层时要么烧毁了，要么被减速到了“无害”的程度，已无法在地面“砸”出值得一提的陨石坑。金星上的陨石坑还有一个独特之处，那就是用“撞击坑计数”方法计算出的金星地貌年龄到处都很接近，为 3 亿 ~5 亿年①。这意味着金星上 5 亿 ~3 亿年之前出现过某种“全球性”的地貌重造，抹去了更古老的陨石坑。但是，什么原因可以造成“全球性”的地貌重造呢？迄今还是一个谜。科学家们提出了几种解释，但都各有各的缺点，用美国行星天文学家格林斯彭（David Grinspoon）的话说，“偷走金星陨石坑的盗贼成

① 由于没有岩石样本可供校正，对这一时间范围的确定是很粗略的，除 3 亿 ~5 亿年外，文献中也有 5 亿 ~8 亿年和 3 亿 ~10 亿年等说法。另一方面，这一时间范围对金星表面的涵盖率也并非 100%，而只是 80%~85%，即有 80%~85% 的金星表面的年龄在这一时间范围之内。

功地掩盖了自己的痕迹”。

比如有一种解释是：更古老的陨石坑因为风化等金星大气的侵蚀效应而消失了。这种解释是不无道理的，因为不仅陨石坑，甚至连“撞击坑计数”方法本身都会受到风化等效应的破坏。不过以此作为金星地貌重造之谜的谜底却有点问题，因为假如大气侵蚀效应是陨石坑消失的原因的话，我们应当能见到侵蚀程度不同的各种陨石坑（火星上就有这种现象），然而实际上并没有见到。金星上的陨石坑除了显示出5亿~3亿年前似乎有过“全球性”的地貌重造外，几乎未受岁月的其他洗礼。另一种解释是认为金星上的板块运动摧毁了更古老的陨石坑。这种设想与前一种设想有类似的问题，即假如板块运动会摧毁陨石坑的话，我们应当能见到摧毁程度不同的各种陨石坑，然而实际上也没有见到。不仅如此，以目前的了解来看，金星上只存在一些局部和零星的板块运动，不太可以解释全球性的地貌重造。第三种解释则认为是火山岩浆淹没了更古老的陨石坑。这种解释当然也不无道理，尤其是因为金星上确实存在数量庞大的火山群。但解释千变万化，困难却如出一辙：假如火山岩浆会淹没陨石坑的话，我们应当能见到被淹没到不同程度的陨石坑（月球上就有这种现象），然而实际上还是没见到。

除了火山、陨石坑等相对巨大的地貌外，金星表面其他地貌所显示出的基本特征则是平滑。雷达回波的探测显示，金星地表的平原部分在小到厘米的线度上都相当平滑，着陆于金星表面的探测器发回的相片也印证了这一点。金星表面的平原地貌为什么会如此平滑呢？有天文学家认为那有可能是因为在高温高压大气的侵蚀下，火山、高原等处的尘粒掉落到低处，抹平了平原地貌之故。

不过，尽管表面环境大相径庭，金星作为地球姊妹的“名份”倒也不能算虚假。比如，金星的物质组成及内部结构都被认为是与地球很相似的。这种相似性在密度上就有所体现：金星的平均密度约为 5.2g/cm^3，略低于地球的约 5.5g/cm^3，但由于金星比地球略小，物质受“自重”所压缩的程度也较轻，若将这一因素扣除，两者的“非压缩密度”几乎是一样的。不过，若因此就以为金星的内部结果只是地球的翻版，则又是过度的简化。有一个明显的征兆显示金星的内部结构很可能与地球存在着微妙的差异，那就是：地球有一个相当强的内部磁场，金星却没有值得一提的内部磁场①。虽然金星的缓慢自转对产生磁场的标准机制——发电机机制来说是不利的，但一般认为，金星磁场的完全缺失无法仅凭这一因素得到解释，而有赖于其内部结构上的某些微妙的独特之处。

高温、高压、硫酸雨……看不到太阳、看不到月亮、也

① 不过，金星有一个由太阳风与高空大气层中的电离层相互作用而感生出的很微弱的磁场。

看不到星星……对这样一颗地狱般的行星，我们就介绍到这里吧[①]。与地狱对比，最鲜明的莫过于是天堂，假如太阳系里有哪个行星可以算是天堂的话，当然就是我们脚底下的地球，它不仅是太阳系里唯一的生命天堂，甚至有可能在大得多的范围之内都是独一无二的——起码有些天文学家是这么认为的。

---

① 假如在水星和金星表面各有一个可以住人的探测站，让我选择的话，我无疑会选水星——虽然金星上的表面重力加速度与地球接近这一点是令人舒适的。布拉德伯里的科幻小说《不停息的雨》虽对金星环境作了错误猜测，但小说的一位主人公——因飞船坠毁而不幸落到金星上的地球人——因害怕精神失常而自杀倒是很有隐喻性的，金星那样枯燥而具有视觉压抑感的环境确实有让人精神失常的潜力。

第3章

天堂是怎样炼成的——地球

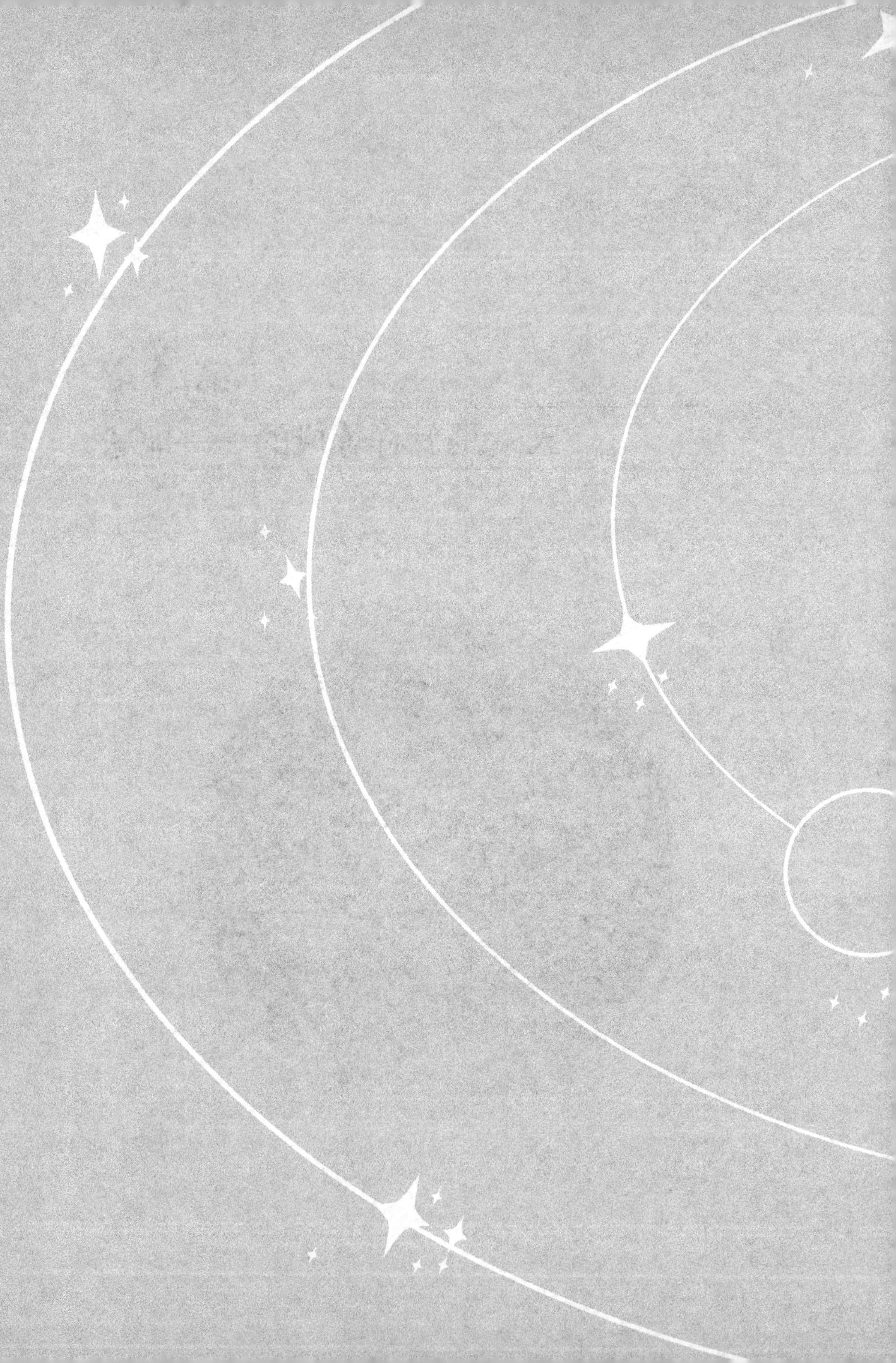

1. 从到处存在到适度存在

如果问太阳系行星中哪一个最难写？很多人也许会想到资料较少的水星，或天王星、海王星。但实际上，资料的多少是相对的，从绝对数量上讲，无论水星，还是天王星、海王星，都足可写出一整本书而不至于穷尽资料。从这个意义上讲，写一个行星的难度往往不在于资料的少，而恰恰相反，在于资料的多，若限定每个行星只写一篇文章就更是如此。

因此，起码对本系列而言，太阳系行星中最难写的乃是我们脚下的地球（Earth）。

地球的难写，还不仅仅因为资料太多，而且也在于读者对她的相对熟悉。比如拿地貌来说，描写其他行星的地貌是科普甚至科学，描写地球的地貌搞不好却会被当成散文。因此，在任何合理的篇幅之内对地球进行全面介绍都是既不可能也无必要的。

那么，地球该怎么写呢？最好的办法也许是挑一个特殊的视角来写。与荒芜的水星及地狱般的金星相比，地球最鲜明的特色莫过于是一个生命天堂。那么，就来写写这个生命天堂是怎样炼成的吧。

不过，哪怕从这么一个特殊视角来写，难度也依然不小。别看我们有关地球的资料浩如烟海，其实资料越多，细节也越多，而细节越多，问题往往也越多[①]。“生命天堂是怎样炼成的”就是一个因细节繁多而尚无完整答案的问题。因此我们真正要写——或者说能写的，不是这个问题的答案，而是答案可能或必然会涉及的一些支撑生命天堂存在的条件。只有从那些条件入手，才有可能找到那目前尚不明了的答案。

很明显，生命天堂赖以存在的首要条件是她的“地基”：行星[②]。我们在上一篇中曾经提到，日心说确立后，很多人曾一度相信大多数甚至全部行星上都存在生命。不过，随着行星探索的展开和深入，随着像金星那样一度被寄予厚望的行星上存在生命尤其是高等生命的可能性被观测所排除，人们开始意识到行星并不是生命尤其是高等生命出现的充分条件，后者明

① 有时候，科学探索仿佛具有分形（fractal）结构：资料匮乏时固然有不少问题不得其解，但随着资料的逐渐增多，问题未必就渐次消失，相反，往往还有新的问题在越来越细致的层次上探出头来。当然，这样的悬念不断也正是科学探索的魅力之一。

② 其实不仅是行星，只要条件适宜，卫星应该也是可以支撑生命存在的。比如在太阳系内，除地球外最有可能存在生命的天体之中就包括了一个卫星：木卫二（Europa）。不过为避免行文过于累赘，在本节中我们一律只谈行星。

显还需要包含其他条件。

那么，什么样的其他条件是生命尤其是高等生命出现所必需的呢？有多少行星能满足条件呢？对于这些问题，有许多人做过研究，也有许多人写过综述。我小时候读过阿西莫夫的一本名为《地球以外的文明世界》（*Extraterrestrial Civilization*）的科普书，所讨论的就是这些问题。阿西莫夫在书中相当周详地逐项分析了生命尤其是高等生命出现所需的条件，并对满足条件的可能性进行了估计。他的结论是：在银河系中，目前约有53万个行星上存在着有技术文明的高等生命，它们的平均间距约为630光年。

阿西莫夫的结论是很受科幻迷们欢迎的，因为早期那种到处存在生命乃至高等生命的观念虽已破灭，但像《星球大战》（*Star Wars*）、《星际迷航》（*Star Trek*）那样的科幻电影或电视系列片还是假设了大量高等生命的存在。比如《星际迷航》的“题记”中就有一句很令人神往的话：“寻找新的生命和新的文明”（seek out new life and new civilizations）。阿西莫夫的结论既没有让高等生命的数量“超标”到与观测相冲突的程度，又多到了足以支撑各种科幻需要，可谓是“适度存在”，有一种恰到好处的折中性[①]。不过，分析虽然周详，结论虽然受欢迎，阿西莫夫的资料和推理却远不是无可挑剔的。这其中旧资料的过时和新资料的出现自不必说，最主要的缺陷还是在推理——因为直到今天，这依然是一个推理超前于资料的领域。从推理上讲，阿西莫夫的结论所具有的折中性很大程度上乃是来自推理本身的折中性。事实上，几乎是但凡遇到无法做出可靠判断的因素时，阿西莫夫就采用了所谓“折中原则”（principle of mediocrity），将有关概率设定为50%，或以地球数据作为代表。这当然是很不可靠的。

除阿西莫夫外，很多其他人也进行过类似的估计，细节上虽各不相同，却都有一定的折中性。得到的结果则大同小异，也是“适度存在”。比如美国天文学家萨根（Carl Sagan）利用估算银河系内高等生命数量的著名公式——德雷克公式（Drake equation）得到了数量级相同的结果：100万。

① 不过有趣的是，阿西莫夫自己的小说在这方面倒是一个引人注目的“异数”：在他最著名的“银河帝国系列”（Galactic Empire series）和“基地系列”（Foundation series）中，所有行星上的人都是源自地球的（虽然他们后来“忘掉”了自己的起源）。这一背景设置与后文即将介绍的“稀有地球假设”（Rare Earth Hypothesis）不无暗合之处。

2. 稀有地球假设

不过到了2000年，此类估计的“风向”有了陡然的转变。

那一年，美国古生物学家沃德（Peter Ward）和天文学家布朗利（Donald E. Brownlee）出版了一本名为《稀有地球》（*Rare Earth: Why Complex Life Is Uncommon in the Universe*）的书，提出了被称为“稀有地球假设”（Rare Earth hypothesis）的新估计①。按照这种新估计，像地球这样的生命天堂有可能在整个银河系——甚至整个可观测宇宙中都是“稀有”的。

当然，这里首先要澄清一点，那就是稀有地球假设并不是认为生命在宇宙中是稀有的，它针对的只是诸如复杂动植物那样的所谓高等生命（advancedlife）——其中包括像人类这样

① 人们通常将沃德和布朗利出版《稀有地球》一书的2000年作为稀有地球假设的诞生年份。不过，稀有地球假设所涉及的许多概念及研究成果——比如很快就会提到的“持续可栖息带”的概念是在那之前就被提出的。稀有地球假设实质上是对一系列研究成果的选择性的综合。

有技术文明的高等生命。稀有地球假设有两条立论的基础：一条是认为高等生命的出现需要经历数十亿年的漫长演化；另一条是认为高等生命的演化离不开表面存在液态水的行星环境。这其中后一条并无新意，前一条则是经稀有地球假设的“提拔”而变得重要起来的。

在这两条基础之上，高等生命的出现需要什么具体条件呢？这是稀有地球假设所关心的，我们下面就来介绍一下。

首要的当然是行星的位置——具体地说，是行星离恒星的距离。这一距离直接关系到行星的表面温度，进而影响到行星表面液态水的存在与否。在瓦德和布朗利的书中，这一因素被风趣地比喻成房屋买卖中最首要的“地段”因素。当然，这一因素并不是稀有地球假设所特有的，离恒星太近的行星会太热，离恒星太远的行星会太冷，只有不近不远，处于所谓“可栖息带”（habitable zone）中的行星的表面才可能存在液态水，这是人们早就知道的。不过，稀有地球假设对这一因素的分析有一个独特之处，那就是将“高等生命的出现需要经历数十亿年的漫长演化”这一立论基础引了进来，提出了所谓“持续可栖息带”（continuously habitable zone）的概念。

什么是持续可栖息带呢？顾名思义，就是在高等生命的出现所需的数十亿年的漫长演化时间之内，能“持续”使行星表面存在液态水的“可栖息带”。这一概念之所以有必要特意提出，是因为恒星本身的光度（luminosity）——恒星每秒钟以电磁辐射的形式所发射的能量是随时间变化的。以我们的太阳为例，自“长大成人”——进入主序星那会儿算起，它的光度已增加了40%左右[①]。相应地，太阳周围可栖息带的位置则有了自内向外的推移。很明显，在这样的变化中，持续可栖息带是各个时刻可栖息带的交集（intersection），从而要比任何一个时刻的可栖息带都更狭窄。行星处于持续可栖息带中则是比处于可栖息带中更严格的条件。

那么，一个恒星周围的持续可栖息带究竟有多大呢？很遗憾，目前尚无公认答案。这是因为持续可栖息带的大小跟恒星光度在长达数十亿年的时间范围内的变化有关，是一个与恒星演化理论有关的困难问题。事实上，哪怕对于我们最熟悉的太阳，持续可栖息带的范围也是尚有争议的，其中一组被沃德和布朗利所引用的估计是1993年由美国科学家卡斯廷（James Kasting）给出的，范围是从距太阳0.95天文单位到1.15天文单位（即宽度为0.2天文单位）。由于行星处于持续可栖息带中是比处于可栖息带中更严格的条件，像地球这样的生命天堂显然要比原先估计的更加稀有。

① 有关太阳的演化，可参阅拙著《上下百亿年：太阳的故事》（清华大学出版社2015年8月出版）。

可栖息带或持续可栖息带的概念不仅适用于恒星的周围，星系被认为也是有持续可栖息带的。比如星系的核心区域由于星球密度太高，诸如近距离超新星爆发之类会对生命演化造成灭顶之灾的突发事件的发生频率将大为增加，被认为是无法出现高等生命的——因为无法保障出现高等生命所需的数十亿年的漫长演化。星系的外围则因为重元素的相对稀缺，也被认为是不利于高等生命出现的——因为无法提供后者所需的原材料。因此，在星系中就像在恒星周围一样，只有距离中心不近不远的区域才是有可能出现高等生命的。这个概念就是所谓星系的持续可栖息带，它的存在进一步增加了生命天堂的稀有性。

出现高等生命所需的数十亿年的漫长演化不仅限制了行星的位置，对恒星本身也提出了不低的要求。初看起来，持续可栖息带是对所有恒星都存在的，只不过小质量恒星因为光度低，持续可栖息带离恒星较近，大质量恒星因为光度高，持续可栖息带离恒星较远，其实却不然。事实上，恒星天文学上的一个基本事实乃是恒星的光度增加远远超过质量增加。由于光度代表能量消耗，质量则是能量储备，光度增加远远超过质量增加意味着大质量恒星会很快就“油尽灯枯”，它们的寿命——确切地说是主序星生涯的时间比太阳短得多。比如一个质量比太阳大 50% 的恒星的寿命只有 35 亿年左右（太阳的约为 100 亿年），一个质量 5 倍于太阳的恒星的寿命更是只有不足 2 亿年。因此，在大质量恒星中，只有质量比太阳略大的才有可能提供出现高等生命所需的数十亿年的漫长演化时间。在著名的MK分类系统（Morgan-Keenan system）中，恒星按表面温度从高到低大致对应于质量从大到小被分为O、B、A、F、G、K、M七大类，每一大类又按表面温度从高到低分为从0到9十小类。依据这种分类，太阳的类型是G2，比F0更大的恒星就会有寿命太短的问题，无法保障出现高等生命所需的数十亿年的漫长演化。

另一方面，小质量恒星虽有“长寿基因”，却也有自己的麻烦，因为它们的持续可栖息带离它们较近，但近到一定程度之后，持续可栖息带内的行星就会因为受到恒星引力潮汐的影响，而出现与恒星之间的“潮汐锁定”现象。这种现象一旦出现，行星将始终以同一面朝向恒星，使那一面无可避免地出现酷热、另一面则无可避免地陷入严寒，季节、昼夜等变化则全都消失，这被认为是不利于生物存在的，更遑论高等生命的出现。在MK分类系统中，比K5更小的恒星就有可能使持续可栖息带内的行星陷入“潮汐锁定”的麻烦。因此，大有大的问题，小有小的麻烦，在所有恒星之中，只有像太阳这样“中不溜秋”（其实是略微偏大）的恒星才是适合“抚育”高等生命的，这是让生命天堂稀有的又一个因素。

假如上述条件全部满足，即行星的位置适当，恒星的类型也恰好，生命天堂是不是就能炼成了呢？还不行，因为出现高等生命所需的数十亿年的漫长时间对行星气候也是一个极严苛的要求，而行星气候除了跟行星所处的位置及恒星的类型有关外，还取决于行星本身的很多性质——比如行星大气的成分等。拿地球来说，在她所经历的数十亿年的漫长时间里，比如今很多人所担心的有可能在几十或几百年内造成不可逆危害的温室效应剧烈得多的气候变化比比皆是，更不用说哪怕极细微的变化，经足够长时间的累积后也完全有可能造成不可逆的危害——比如导致液态水的完全丧失。在地球的历史上，所有这些气候变化全都化险为夷了，才有了今天生命天堂的盛景。这种维持数十亿年的细致平衡也被认为是高度稀有的①。

既然说到了气候，那么顾名思义，也得说说“气”——即大气层。一个行星要想长期保住一个足够浓密的大气层，本身也是有条件的，比如质量不能太小，否则引力太弱，哪怕一度有过大气层，也会慢慢因气体分子的逃逸而丧失。另一方面，按我们如今对行星的理解，当它的质量大到一定程度后，又会因引力太强而在吸积过程中自然而然地变成气态巨行星，那被认为也是不适合高等生命的。因此，高等生命的出现要求行星的质量“不大不小”。

① 天文学上这种动辄数十亿年的时间究竟有多长，是直觉所不容易把握的，但可以打一个特殊的比方来理解：假如我们把一年压缩成一秒钟，那么多数人的一生就变成了一分多钟的时间，牛顿（Isaac Newton）时代只是五分钟前的事，被称为“古代哲学家”的亚里士多德（Aristotle）生活在四十分钟前，人类有文字以来的全部历史不过是一场两小时的电影。但“几十亿年”哪怕在这样的标度下也仍然有百年的量级。

除气候外，行星的磁场也被认为是对高等生命的出现具有很大的重要性，因为它能对恒星风和宇宙线中的带电粒子产生阻挡作用，一方面防止它们危害行星表面的生命，另一方面阻止它们吹散行星的大气层。

把这些有关恒星和行星的条件综合起来看，炼成像地球这样的生命天堂确实是很不容易的。但这还不是故事的全部，因为稀有地球假设还引进了一类截然不同的因素。

前面介绍过的所有因素都是直接因素：行星是生命的存在之地，恒星是生命的能量来源，显然都很直接。稀有地球假设所引进的那一类截然不同的因素则是间接因素，是一些初看起来并不重要、甚至跟高等生命的出现风马牛不相及的因素。

比如以地球为例，月球就是这样一个因素。初看起来，地球上的生命与月球何干？或者更一般的，行星上的生命与卫星何干？但稀有地球假设的支持者们的看法却并非如此。他们提出：月球的存在对于维持地球自转轴的稳定有着重要影响。众所周知，地球是在自转的。目前地球自转轴与公转轴的夹角相当稳定地维持在 22°～24.5°，由此产生了相当稳定的四季变化。一些天文学家的模拟计算表明，倘若没有月球，地球自转轴与公转轴的夹角将不会如此稳定，它的变化范围将大幅扩大为从 0° 到 85° 甚至 90°。这不仅将破坏四季变化的稳定，破坏生物对季节的适应，而且还有更严重的后果。因为当夹角接近90°时，地球几乎是“躺倒”着自转的，当自转轴指向太阳时，几乎整个北半球都将经历长达数月的连续白天，南半球则相反，是长达数月的连续黑夜，起码就陆地气候而言，这将导致一边酷热、一边严寒的局面。当自转轴背向太阳时，则南北互换，但同样是一边酷热、一边严寒。这种极端气候将对生物，尤其是陆地生物的生存和演化造成严重困难，在稀有地球假设的支持者们看来是不适合高等生物的。

当然，仅仅如此还不算大问题，因为卫星并非稀有之物，多数行星都有卫星。但月球之所以能对地球自转轴的稳定起到重要影响，是因为它异乎寻常的大——事实如此，它是太阳系卫星之中相对于行星而言最大的。不仅如此，按照目前最流行的观点，月球乃是起源于地球演化早期——约45亿年前的一次超级碰撞，碰撞的双方一方是正在成长中的原地球（proto-Earth），另一方是一个差不多有火星那么大的超级“陨石”。虽然在太阳系形成之初，星体间的碰撞十分频繁，但如此规模的碰撞，并由此而产生如此巨大的卫星仍是相当稀有的。假如高等生物的出现有赖于行星自转轴的稳定，而后者又有赖于稀有碰撞产生的巨大卫星，它本身自然也就相当稀有了。

仍然以地球为例，除月球外，稀有地球假设的支持者们还把目光盯到了木星上，认为这个行星“老大哥”对地球上的高等生命起到了近乎于“保护神”的作用。这话从何说起呢？得从陨星说起。因为对地球生命的最大威胁之一乃是大质量陨星的撞击，比如曾经雄霸地球的恐龙就被认为很可能是因一颗大质量陨星撞击地球而灭绝的。假如那样的灭绝事件过于频繁，需要数十亿年漫长演化的高等生命就很可能没有机会产生。而木星的巨大引力场被认为能够相当有效地扫清太阳系空间里的陨石，从而保护了地球上的生命演化。更苛刻的是，木星的这种保护还不能太过分，即不能离地球太近，否则不仅有可能干扰地球公转轨道的稳定（直接影响到地球表面温度的稳定），甚至还可能造成更严重的后果：阻止地球的形成！因为木星的巨大引力场有可能抢夺掉形成地球所需的“原材料”，使地球成为一个小得多的行星（既不会有磁场，也保不住大气层），甚至像木星近旁的小行星带那样根本凝聚不成单一的行星。

因此，高等生命的出现初看起来只要有行星、恒星及合适的位置就够了，实际上却还需要一个大得异乎寻常的卫星来维持行星自转轴的稳定，以及一个距离适当的巨行星来扫清行星形成过程中几乎必然残留的大量陨石。稀有地球假设在这些额外因素中最大限度地突出了“稀有”二字。

至于稀有地球假设考虑的很多其他因素，比如大气的成分、液态水的数量、板块运动，以及生物进化本身的偶然性等，限于篇幅，就不一一介绍了。

那么，在考虑了所有因素之后，在银河系中随机挑选一个行星，它能炼成生命天堂的几率有多大呢？稀有地球假设的一些支持者认为可能会小到一万亿分之一（10^{-12}）甚至更小。相应地，银河系中像地球这样的生命天堂的数量将远小于阿西莫夫等人的估计，甚至有可能只有地球这颗“独苗”。

3. 稀有地球之争

毫无疑问，稀有地球假设所描绘的图景对于偏好《星球大战》和《星际迷航》那样到处有智慧生物的科幻迷们来说是颇为黯淡的。当然，几家欢喜几家愁，对于坚信自己是上帝创造的唯一人类，地球是上帝创造的唯一家园的人来说则或许是科学支持信仰的福音。这个图景究竟有几分可信呢？现在还很难回答。在科学上，一个假设的证明离不开逻辑和证据，而在目前这个阶段，别说高等生命，在地球以外哪怕原始生物都尚未被发现，因此起码从直接证据的角度讲，稀有地球假设所涉及的乃是一个空白领域，甚至在可预见得到的将来都有可能维持空白。不过，从偏于逻辑的角度讲，还是大有探讨余地的。事实上，对稀有地球假设的每一个推理环节，都有科学家提出了异议。接下来，我们就按照与上文相同的顺序，对稀有地球假设所考虑的每个因素逐一介绍异议。通过这种介绍，我们不但可以对稀有地球假设有更多了解，还可以看到科学并不仅仅是一系列定律或定理的集合，而是包含了大量争议。科学是在争议中寻找前行道路的。

首先来看看持续可栖息带这一概念。这一概念当然是不无道理的，出现高等生命所需要的长期稳定的环境确实要求行星长期处于可栖息带之中。但我们前面提到过，持续可栖息带的范围有多大却是有争议的问题。以太阳系中的持续可栖息带为例，我们提到过美国科学家卡斯廷给出的距太阳0.95天文单位到1.15天文单位、宽度0.2天文单位的范围，这个范围曾被沃德和布朗利所引用。但是，包括卡斯廷本人的后续研究在内的一些新近研究已经对它的远端边界作出了修正，从1.15天文单位修正为了1.4天文单位，宽度则从原先的0.2天文单位增加到了0.45天文单位，比太阳系四颗类地行星的不到0.4天文单位的平均间距还大。在这种情况下，太阳系四颗类地行星全都位于持续可栖息带之外反倒是稀有了。不仅如此，哪怕原先那0.2天文单位的宽度其实也算不上很窄，太阳系四颗类地行星中至少有一颗落在这一范围内的概率也并不小[①]。虽然我们对其他恒星周围的行星分布还了解得很少，但越来越多太阳系以外的行星被发现，已使得人们越来越不认为太阳系具有特异性，从而其他恒星周围有类地行星落在持续可栖息带内也未必稀有。

针对持续可栖息带的这种异议是有一定代表性的，它虽然不能排除稀有地球假设所考虑的因素，却显示出那因素并非真

① 感兴趣的读者不妨在适当的假设——比如随机分布、符合提丢斯－波德定则（Titius–Bode law）等之下算一算这些概率。

正稀有。接下来我们还将反复看到这种类型的异议。

星系的持续可栖息带就是这种异议的又一个例子。虽然这方面的分析同样不无道理，但在星系这种巨大尺度上，哪怕笼统看起来不适合高等生命的区域，也完全可以局部地具备出现高等生命的条件，因此星系的持续可栖息带是并不严格的。退一步说，即便把星系的持续可栖息带以外的区域严格排除掉，也并不构成一个很稀有的因素，因为剩下的区域仍包含了 10% 左右的恒星。类似地，恒星类型方面的限制也不是一个很稀有的因素。我们前面讲过，这一因素可以大致排除掉比 F0 更大或比 K5 更小的恒星，那么剩下的恒星有多少呢？仍有 20% 左右，并不很稀有。

行星气候方面的因素又如何呢？维持数十亿年的细致平衡听起来确实严苛，实际上却也有不那么严苛的可能性。最关键的一点是：行星的气候变化倘若是随机或单向的，要在长达数十亿年的时间内维持行星表面的液态水确实是很困难的，但假如气候变化不是随机的，而是存在适当的负反馈机制（negative feedback mechanism），则情形就会大不相同。因为负反馈机制会自动对气候变化进行反向校正，虽然不能保证永不失控，却可以大大降低失控的概率。那么，在行星气候方面究竟有没有负反馈机制呢？以地球为例的研究结果是肯定的。人们早就知道，地球大气中的二氧化碳既可以被雨水等带入土壤和岩石，也可以通过火山喷发等重新回到大气中，这被称为“无机碳循环”（inorganic carbon cycle），以区别于由生物造成的所谓“有机碳循环”（organic carbon cycle）。研究表明，“无机碳循环”具有稳定气候的作用。比如气温若变得太低，使地球表面的液态水大量冻结，则雨水将大幅减少，雨水将大气中的二氧化碳带入土壤和岩石的过程也将大为减弱。但火山喷发将二氧化碳送回大气等过程仍将正常进行，从而使大气中的二氧化碳浓度由原本的平衡不变改为增加，进而使温室效应增大，最终使气温回暖；反过来，气温若变得太高，则海水蒸发将加剧，雨水将大幅增加，雨水将大气中的二氧化碳带入土壤和岩石的过程也将大为加强，乃至超过火山喷发将二氧化碳送回大气等作用，使大气中的二氧化碳浓度减少，温室效应减弱，最终使气温回冷。这正是一种典型的负反馈机制[①]，而且没什么理由认为是地球特有的。既然存在负反馈机制，则长期稳定的气候也就未必有想象的那么稀有了。

至于作为气候之源的大气层所要求的行星质量的“不大不小”，则显然是又一个并不真正稀有的因素——因为在太阳系的四颗类地行星里，保有浓密大气层的行星除地球外还有金星，两者合计占了类地行星数目的50%。

---

① 这里可以提醒读者的是，这种负反馈机制的周期是很长的，往往要数百万年的时间才能起到显著作用，它作为一种“持之以恒”的机制，对维持天气的长期稳定可以起到重要作用，但对于如今人们所热议的因人类活动而可能产生的温室效应等气候影响来说，是没有“立竿见影”的作用的。

那么磁场呢？行星磁场对于高等生命的出现果真重要吗？很多天文学家也说出了“不”字。就拿对恒星风和宇宙线中的带电粒子产生的阻挡作用来说吧，能被行星磁场有效阻挡的其实只是能量较低的带电粒子。但更具危害性却阻挡不了的高能粒子也并不能对行星上的生物产生重大危害，因为地球这个现成的反例就摆在那里，高能粒子之所以并不能对行星上的生物产生重大危害，是因为在进入大气层后由于跟气体分子碰撞而被吸收了，是大气层而不是磁场起到了更重要的保护作用。至于行星磁场阻止恒星风吹散行星大气层的作用，也有一个现成的反例摆在那里：金星。这个离太阳比地球更近——太阳风“吹拂”得更猛烈的行星就是没有磁场的，可它的大气层非但没有被吹散，反而比地球的还稠密得多。可见，维持大气层的“硬道理”并不是磁场而多半是引力。退一步说，哪怕行星磁场的上述作用都不容忽视，也未必是决定性的，因为我们地球的磁场在历史上曾不定期地出现过磁极反转，在反转过程中有数以千年的时间，磁场强度不足如今的十分之一，却并未对生命演化造成可察觉的负面影响。再退一步说，哪怕行星磁场的上述作用是决定性的，也未必是什么大问题，因为按我们目前的理解，行星磁场对块头较大的行星来说并不是稀有的东西，而几乎是必然的。在块头较大的行星中，像金星这样没有磁场的反倒是稀有的，可能是自转超慢等稀有条件造成的。因此，哪怕行星磁场果真重要，它所导致的限制条件也几乎与对行星质量的要求相重叠，从而基本上可以从“稀有”因素中除名。

最后，那些貌似跟高等生命的出现风马牛不相及，但被稀有地球假设引进来的因素经过另一些天文学家的研究，也显示出它们有可能确实就是“风马牛不相及”的东西。

比如月球，它对于维持地球自转轴的稳定确实是有作用的，假如目前的地球失去月球，其自转轴的方向确实会在大范围内变化。但被稀有地球假设忽视的是：这种变化的范围是跟地球的自转快慢有关的。模拟计算表明，假如地球的自转周期不是现在的24小时左右，而是12小时或更短，那么哪怕没有月球，自转轴方向的变化范围也会小得多，对季节变化及生物的影响也将小得多[1]。而更“诡吊”的则是，从某种意义上讲，地球的自转原本确实是更快的，是被月球的引力摄动拖了后腿才变慢的，依照变慢的趋势反推回去，在距今40亿~25亿年前的太古代（Archean），地球的自转周期本就在12小时左右。正所谓“成也萧何，败也萧何”，假如月球从那时起就不曾存在过，地球的自转周期将维持在12小时左右，本来也不太需要月球来维持自转轴的稳定。当然，月球产生于超级碰撞的流行理论若是成立，则超级碰撞本身对地球的自转周期应该也是有影响的，假如月球果真从来就没有存在过，产生月球的那次超级碰撞也该被除去，那种情况下地球的自转周期会是什么？

---

① 当然，较快的行星自转速率也有“不良”后果，比如会加剧大气的涡旋运动，使台风等“灾害性天气”的严重程度加剧。不过，这跟行星大气的浓密程度、行星表面的温度分布及变化等诸多其他因素有关，很难一概而论，而且恐怕也上升不到稀有地球假设所关心的高等生命出现与否的层次上。

倒是一个难以回答的问题。但起码，地球自转轴的稳定依赖于很多因素，月球的作用并不像稀有地球假设的支持者们认为的那样确切[①]。假如把考虑范围扩大到太阳系以外的行星系统，则行星自转轴的稳定还跟行星系统中其他行星的大小和分布等因素有关，更不能一概而论。更何况，就算地球自转轴的方向果真在大范围内变化，是否就一定不能出现高等生命，本身也是不无争议的。

再谈谈木星，如果说月球的作用是“成也萧何，败也萧何”，那么这个被稀有地球假设抬到“保护神”位置上的行星“老大哥”的情况有可能比那还不如，有点“成事不足，败事有余”的意味。比如距今约 6500 万年前的恐龙及大量其他物种灭绝的事件被认为很可能是陨星撞击地球造成的，那陨星来自何方呢？有人认为是来自遥远的奥尔特云（Oort cloud），也有人认为是来自小行星带。对后一种可能性来说，木星是脱不了干系的，它的引力摄动被认为是使小行星脱离原先轨道与地球相撞的“幕后推手”。不仅如此，作为风险源的整个小行星带的存在都很可能是木星的巨大引力造成的。从这个意义上讲，

① 这里可以插入科学史上的一个有趣的小细节，那就是：月球的存在对于科学发展是颇有贡献的。比如对于在缺乏技术手段的情况下推算太阳的大小及太阳与地球的距离就很有帮助，对这一点感兴趣的读者可参阅拙著《上下百亿年：太阳的故事》（清华大学出版社 2015 年 8 月出版）。此外，牛顿对万有引力定律的思考和研究也借助过月球。不过，这种“地球科学史”上的特殊细节当然也提升不到稀有地球假设所关心的层次上，因为哪怕对于地球上的科学发展来说，没有月球应该也只会使某些研究的难度加大，成功推后，而不至于成为无法突破的困难。

木星在充当“保护神”的同时，很可能也是地球上很多灾变事件的肇事者，它的功过和作用是很难一概而论的[①]。退一步说，即便木星果真是“成事”多过“败事”，恐怕也只能归入并不稀有的因素之列，因为过去这些年对太阳系以外行星的搜索已经发现了大量像木星那样的气态巨行星，这虽然跟观测手段造成的自然筛选有关（因为在如此遥远的距离上，气态巨行星比小块头行星更容易被发现），却也基本上排除了木星稀有的可能性。

至于稀有地球假设所涉及的大气的成分、液态水的数量、板块运动，以及生物进化本身的偶然性等其他因素，“限于篇幅”，前面既然已经省略了，这里也就不引述异议了——但每一项也都是有异议的，在稀有地球之争中，异议之广泛真正达到了“一个都不能少”的境界。如果小结一下的话，那么异议跟稀有地球假设有一点是共同的，那就是它们都是理论上的可能意见。从这个意义上讲，究竟哪一种意见更合理有时是难以取舍的。不过，假如说阿西莫夫的推理因为反复使用了“折中原则”而不可靠，那么稀有地球假设可以说是反复而系统地使用了“择坏原则”——这是我杜撰的术语，指的是在所有可能

① 对于地球来说，这种功过评价还有一个特殊的微妙之处，那就是：一度雄霸地球的恐龙的灭绝，有可能是包含人类在内的哺乳动物崛起的“历史机遇”。不过，这种可能性并非毫无争议，而且就算成立，这种地球生物演化史上的特殊细节显然不能推广为陨星撞击有利于生物演化，也不足以为木星或其他气态巨行星造成的可能恶果“洗地”。

性中优先选择不利的可能性。这是比“折中原则”更不可靠的做法，因为在不得不作出概率性挑选的因素中，一般来说是“中间”的概率较大，两端——无论是“坏”端还是“好”端的概率较小，“择坏原则”是系统性地择取了概率较小的选项，可以说是相当靠不住的。

另外，稀有地球假设还有另一个很大的系统性缺陷，那就是迄今为止关于生命我们只有一个“样本”，即地球上的生命。任何学过统计的人都知道，依据小样本进行推理是鲁莽的。比如我们若从未见过水生生物，也许很难想象有些生物居然可以待在水下而不会像我们一样被淹死。当然，地球生物的多样性使我们知道生物既可以生活在水里，也可以生活在陆地上，因此不会有这个思维死角，但地球生物虽然多样，却都是在适应地球环境的过程中繁衍出来的，把这种多样性放在浩瀚的宇宙中算不算得上足够“多样”？恐怕不是一个容易回答的问题。假如这个问题无法回答，则就连稀有地球假设的两条立论基础——“高等生命的出现需要经历数十亿年的漫长演化”和“高等生命的演化离不开表面存在液态水的行星环境”都未必是毫无争议的，更遑论其他因素。

不过，争议归争议，由于观测还远远跟不上，要想对稀有地球假设作出可靠判断在目前看来还是很渺茫的，因为依我们目前的技术，要想探测太阳系以外行星上的生命，并区分简单生命与高等生命，几乎是不可能的，除非那些高等生命高等到了能主动来探访我们！不过有一点倒可以肯定，那就是像地球这样的生命天堂是否有稀有地球假设所认为的那样稀有虽不得而知，但无疑是不容易炼成的，最起码在太阳系中是“只此一家，别无分号”的。关于这后一点，笔者念中学时曾拟过一个当时很得意，却从未有机会在作文里用到的句子，那就是：“哪怕地球上最普通的小草，也起码在半径60亿千米的太阳系空间里是独一无二的”（当时冥王星还被视为太阳系的边界）。

最后谈点个人偏好。从个人偏好上讲，我是不希望稀有地球假设成立的。吾生也晚，没赶上“大航海时代”的探险家们在地球上发现新大陆、新岛屿和新部落的那些激动人心的日子，只能把幻想放在像《星际迷航》那样的“寻找新的生命和新的文明”上，虽明知在自己有生之年是不太可能看到什么的，而且也并无理由认为其他星球上的高等生命——假如存在的话，对我们来说是幸事，因为用我们的善恶标准来衡量，他们完全有可能是恶意的。但幻想就是那样一种偏于美化的愿望，虽不免空泛，掐灭了却终究是令人寂寞和伤感的。当然，个人偏好在科学上是没有分量的，因此，还是让我们等待逻辑和证据来作出判定吧——无论要等多久。

第4章

探寻生命的踪迹——火星

1. “血”与“火”的行星

如果说地球是太阳系行星中最难写的，那火星（Mars）毫无争议可以坐上第二把交椅，不仅同样有资料太多的问题，而且还有一个很要命的特点，那就是不断有新的探测器造访火星，甚至老探测器的资料也还在持续发掘和整理之中。由此造成的后果，是时不时就会冒出个新闻发布会，披露点新信息，使旧文章遭遇尴尬。

怎么办呢？还是老一套，挑一个特殊视角来写。随着水星和金星表面存在生命的想象相继破灭，火星成了地球以外的太阳系行星中表面存在生命的最后希望[①]。这一特点正是过去几十年人们对火星的兴趣经久不衰的主要原因之一，也将是本文的主要视角。

---

① 这是因为火星之外的四颗行星——木星、土星、天王星和海王星都是气态巨行星，没有像类地行星那样的“表面”，从而没有“表面存在生命”的可能。而比海王星更远的地方若还有类地行星，则由于离太阳太远，表面太过寒冷，也极不可能“表面存在生命”。

不过与地球的情形相似，哪怕写这么一个特殊视角，难度也依然不小。因为每一个新的火星探测器都有可能带来新的信息，作出新的结论或推翻旧的结论。有鉴于此，本文将只用一半篇幅适度笼统地介绍对火星生命的探索，而将另一半篇幅留给一个半科幻、但也跟生命有关的话题——人类移居火星的可能性。

先介绍一点基本的火星信息吧。

火星是太阳系中自内向外的第四颗行星，也是目前所知离太阳最远的类地行星[①]。火星离太阳的近日点和远日点距离分别约为 2.07×10^8km（约合 1.38 天文单位）和 2.49×10^8km（约合 1.67 天文单位），轨道偏心率约为 0.09，在太阳系行星中仅次于水星。

由于离太阳更远，火星表面的平均温度比地球低。由于火星大气远比地球大气稀薄，表面大气密度只有地球表面大气密度的 1.6%，平均气压只有地球表面气压的 0.6% 左右（感兴趣的读者请想一想，这两个比例为何不同？），保温能力差，因而火星表面的昼夜温差和季节温差都远比地球上的大。在冬季极地上的夜晚，火星表面的温度可以低到 -140℃以下；而

① 当然，众所周知，“目前所知离太阳最远的类地行星”这一头衔一度是属于冥王星的，在后者被“降级”之后才重新回到火星头上。

在夏季赤道上的白天，温度则 35℃以上。哪怕在同一地点、同一季节，火星表面的昼夜温差也可以超过 100℃，用地球上的温度来比拟的话，相当于从夏季的海南突然转到冬季的南极。这种环境无疑是恶劣的，但“比上不足，比下有余”，相较于水星和金星来说却是好得太多了。

与这种“好”相匹配的是，火星的自转周期约为 24 小时 37 分钟，跟地球上的“天”接近到了感觉难以分辨的程度，与一“天”等于两“年”的水星及逆向自转的金星相比，是很让人亲切的，起码对生物钟没什么挑战。此外，火星自转平面与公转平面的夹角约为 25.2°，跟地球的 23.4° 也相当接近，意味着火星也有类似于地球的四季，只不过由于离太阳更远，火星的公转周期比地球公转周期长了近一倍，相应的，每个季节也比地球上的季节来得长①。

火星的块头则是太阳系八大行星中的“小二”——仅大于水星。它的质量约为 6.4×10^{20} 吨，接近水星的两倍，仅相当于地球的 1/10 强。由于自转较快产生的离心作用，火星的形状不像自转缓慢的水星和金星那样接近球形，而是像地球一样略扁。具体地说，火星沿两极和赤道方向的直径分别约为

① 火星上的四季跟地球上的相比还有一个差别，那就是地球公转轨道的偏心率很小，因此四季变化几乎完全取决于阳光入射角度的变化，而火星公转轨道的偏心率较大，离太阳的远近不同造成的温度变化不可忽略，因此火星上四季的长度分配跟地球上的有所不同。

6752km和6792km，扁率（oblateness）约为0.006。由这些数据——忽略扁率，不难估算出火星的表面重力加速度几乎与水星的相同，约为$3.7m/m^2$，相当于地球表面重力加速度的40%左右。一个质量比水星大了近一倍的行星的表面重力加速度跟水星的几乎相同，意味着它的平均密度比水星低。事实上，由上面的数据不难估算出火星的平均密度约为$3.9g/cm^3$，比水星的$5.4g/cm^3$低得多①。由上面的数据可以估算出的另一个结果是：火星的表面积约为地球表面积的28%，很接近地球上的陆地总面积。

火星作为“经典”行星中的一员，人类对它有极漫长的观测史。它的偏红的颜色容易让人联想起“血”与“火”，因此中国人用“火”命名了它，古巴比伦人将它与死亡之神内尔伽勒（Nergal）联系在了一起，古希腊人则将它视为了战神。这种联想一直延伸到了近代和现代，并且影响到了科幻小说。在早期的科幻小说中，很多行星上的人都被想象为是和平的，甚至美丽的，火星人却在较多的小说中被赋予了进攻性，形象也大都丑怪（当然也并非全无例外）。比如英国科幻作家威尔斯（H. G. Wells）那部被数度拍成电影的著名小说《世界之战》（*The War of the Worlds*）中的火星人就是野蛮、残忍并且丑怪的。

① 一般来说，类地行星的质量越大，“自重”造成的压缩作用也越大，平均密度应该越高。不过我们在第一篇中介绍过，水星在这方面具有特异性。

与对金星的种种想象不仅体现在小说家的笔下，而且还导致了科学家的错误相类似，人们对火星的种种遐想也渗透到了科学家身上，使他们做出了一厢情愿的“发现”，其中最著名的无疑是所谓的“火星运河”（Martian canal），它得到了美国天文学家洛厄尔（Percival Lowell）的坚定支持。截至1916年去世时为止，洛厄尔总共记录下了700多条火星运河。在那个阶段，人类自己正努力开掘并完成了巴拿马运河（Panama Canal），就当时而言，那是一项高科技的超大型工程。火星运河的“发现”极大地丰富了洛厄尔对火星人的想象。在他的想象里，火星人精通数学、擅长发明，具有比人类更高超的技术。不过，要想被洛厄尔的望远镜看到，火星运河的宽度必须达到近乎荒谬的50km，对于这个诘难，洛厄尔轻而易举就杜撰出了答案：我们看到的是运河两岸的种植区。在数以百计的文章、书信和讲座中，洛厄尔不仅想象了运河两岸的种植区，还言辞凿凿地描绘了植物季节性生长造成的火星颜色改变，并且指出了哪里是城市，哪里在凿井等等的细节。不难想象，对洛厄尔来说，在自家后院里支起望远镜就能观察一种外星球高等生命的奥秘是有无穷吸引力的，因此终其一生都乐此不疲于这种在心理学上被称为“幻想性视错觉”（Pareidolia）的想象。相比于他这种宏大的想象，后世那些把个别火星地貌诠释成人脸的想象实在是小巫见大巫了，但实质是一样的。

2. 我们是火星人吗？

天文学的发展并没有为洛厄尔的想象提供支持。早在他那个时代，就有很多人从估算火星表面温度等角度入手，对洛厄尔的想象提出了尖锐批评。进入20世纪中叶以后，由于以最近距离而论火星是仅次于金星离地球第二近的行星，用行星探测器探测火星也是起步较早的。自那时以来，火星作为地球以外的太阳系行星中表面存在生命的最后希望，吸引着人们不断发射探测器，进行轨道或登陆探测。

探测的结果如何呢？

20世纪60年代，当美国的“水手”（Mariner）系列行星探测器中的“水手4号”（Mariner 4）[①]、“水手6号”（Mariner 6）和“水手7号”（Mariner 7）先后完成了对火星的掠过式探测时，它们发回的相片显示了与月球有一定相似性的布满了

① “水手4号”是第一个成功完成使命的火星探测器，于1965年7月抵达火星近旁。在它之前，苏联的五个“火星”（Mars）系列探测器和美国的“水手3号”（Mariner 3）探测器都失败了。

陨石坑的死寂地貌。这种结果跟同期探知的火星表面气压只有地球的 1% 左右，以及火星的平均温度相当寒冷，水要么因寒冷而凝结成冰，要么因低压而蒸发逃逸，从而不太可能以液态存在等结论相一致，沉重打击了有关火星生命——尤其是高等生命的想象。

但火星探索的曲折之处在于，这三个早期探测器所拍摄的类似于月球的地貌很快被证明为是局部的，因而有可能高估了火星的整体荒凉程度。20 世纪 70 年代，随着首个环绕火星的探测器“水手 9 号”（Mariner 9）及最早登陆火星的“海盗 1 号”（Viking 1）、“海盗 2 号”（Viking 2）探测器的成功，天文学家们对火星地貌有了广泛得多的了解，其中包括发现了类似于地球上沙漠，明显不同于月球的地貌。同期的几个部分成功的苏联探测器也证实了这些发现。这些发现对火星上存在高等生命的想象虽依然是一种打击，却为初等生命的存在保留了一线希望，毕竟哪怕类似于地球上的沙漠，相较于水星和金星的严酷环境来说也还是好得太多了。

不过更重大的发现则是来自 2012 年 8 月 6 日登陆火星的美国“好奇号”（Curiosity）火星登陆车。这个火星登陆车的技术远比以往的先进，仅相机就有 17 台之多，堪称浑身是“眼”。“好奇号”登陆火星后，立刻张开了好奇的“眼睛”（相机）打量火星，而大批科学家则在遥远的地球上等候第一张相片的传回。当信号经过几分钟的延迟，以光速穿越了行星际空间来到地球，并被还原为图像时，控制室里响起了热烈的欢呼声，但几位地质学家却诧异得目瞪口呆，因为他们训练有素的眼睛敏锐地捕捉到了相片上的卵石，以及卵石背后熟悉而不可思议的东西：水流的遗迹！

当然，这并不是科学家们初次在火星上发现水的证据。事实上，2008 年登陆火星的美国“凤凰号”（Phoenix）探测器就已发现了很强的证据，表明火星上存在水，不过那水基本上是冰冻的（这也符合火星上低温低压的环境）。2011 年，美国国家航空航天局（NASA）宣布了另一个引人注目的消息：亚利桑那大学（University of Arizona）的尼泊尔学生奥杰哈（Lujendra Ojha）从“火星侦察轨道器”（Mars Reconnaissance Orbiter）发回的相片中发现了某些陨石坑的壁上存在着疑似季节性水流造成的痕迹[1]。不过那些发现针对的要么是固态的水，要么是微量且为时短暂的液态水。而“好奇号”所发现的那些痕迹则不然，要想形成诸如卵石那样的遗迹，火星上的水不仅必须是液态的，而且还必须存在过很长的时间。用加州大学伯克利分校（University of California, Berkeley）的地貌专家迪特里希（Bill Dietrich）的话说，

① 2015 年，NASA 宣布通过光谱学研究证实了那“季节性水流”确实是液态水——确切地说是盐水，它的熔点比纯水低得多，故而能在火星的低温环境下呈现液态。另外要说明的是，这里所谓的“盐水”是指带盐类矿物质的水，其中的“盐”是盐类矿物质的统称，而非单指氯化钠意义上的“盐”。

这些卵石等的发现“意味着我们极有可能正好降落在了一个古老的河床上”。

当然，仅凭一些卵石就断言火星表面曾经有过长时间的液态水是不够充分的，因此科学家们遥控“好奇号”搜寻着进一步的证据。由于火星表面的环境比金星表面好得多，火星探测器可以存活的时间比金星探测器长得多，甚至能长达数年。在接下来的一段时间里，“好奇号”不负众望，在前往一个指定目标的途中，又拍摄到了许多很可能被水流这把手术刀“整容”过的地貌，比如水成岩（sedimentalrock）。最终，在经过了很多个兴奋而忙碌的不眠之夜后，多数天文学家形成了共识：虽然对远古遗迹很难做出完全肯定的判断，但诸多证据合在一起已构成颇为强大的“证据链”，一致指向了火星表面曾经有过大量及长时间的液态水的可能性。

另一方面，“好奇号”自着陆伊始起就陆续发现水流的遗迹并非偶然，而是建立在大量前期研究的基础之上的。事实上，“好奇号”的着陆地点是科学家们在研究了火星轨道探测器拍摄的大量图片之后精心挑选的一处类似于地球上“冲积扇”（alluvial fan）的地区。在地球上，“冲积扇”是河流沉积作用形成的典型地貌。因此，“好奇号”在这种地区发现水流的遗迹，与着陆地点的选取本身也构成了证据链。此外，与火星表面曾经有过大量及长时间的液态水的可能性相一致的还有自20世纪90年代中期以来火星轨道探测器从高空拍摄的类似于河道及三角洲的相片。用前面提到过的地貌专家迪特里希的话说，几十年来，很多研究者早就从那些相片中推测某些地方是河床，某些地方是三角洲，“好奇号”的发现几乎是对那些推测，以及数以百计与水流有关的地貌特征的直接证实，它开启了理解火星上的水的新时代。从这个角度讲，“好奇号”的不负众望与此前的一系列火星探测是有密切传承关系的。

“好奇号”拍摄的火星表面

在综合了所有这些观测的基础上，很多天文学家相信，火星上远古曾经有过存在大量液态水的温湿时期。具体到“好奇号”的发现上，一些天文学家认为包括“好奇号”着陆地点在内的如今被称为“盖尔陨石坑”（Gale crater）的地区在大约36亿年前曾遭到一颗大陨石的撞击（直径约达154km的“盖尔陨石坑”由此形成），撞击产生的热量对液态水的出现起到了促进作用。液态水的存在时间有多长很难确切估计，但从其对地貌的改变程度来看，起码是几千年，甚至长达几百万年也不无可能。当然，这一切背后的很多细节还不清楚，很多疑团还待澄清。比如存在时间如此之长的液态水要求当时火星的气候远比现在暖和，大气层也远比现在浓密（否则液态水就算出现了也维持不了那么长的时间），但这方面的独立证据还很缺乏。更糟糕的是，我们在上一篇中曾经提到过，我们的太阳自进入主序星那会儿算起，光度已增加了40%左右。这表明火星这颗现在就很寒冷的行星在远古时期由于太阳的光度比现在更小，应该更寒冷才对，如何反而会有比现在暖和得多的气候呢？那样的气候需要一个适当的模型，而这方面迄今尚无满意答案。当然，对于推测如此远古的状态来说出现种种困难也是不足为奇的。

在迄今为止的火星探测，尤其是成绩最斐然的美国国家航空航天局的火星探测中，对水——尤其是液态水的探测始终是一个重点，从某种意义上讲，说火星探测是“跟着水流走”也并不为过。这其中的一个重要动机，是为了探寻生命的踪迹。不过，与对水乃至液态水的探索的卓有成效，以及信心和证据的日益充分不同，我们对火星生命的探寻并不顺利，虽时常能创造新闻——甚至头条新闻，却始终不曾获得过哪怕稍稍过硬点的证据。用某些科学家的话说，迄今对火星生命的探寻仿佛在坐过山车。确实，这种时而冲上云霄，将媒体刺激得尖叫不已，时而又沉入低谷，让公众几乎忘了这话题的过程，以及在经历过诸多大起大落之后，最终仿佛又回到原点的感觉真的很像坐过山车。

当然，这种长期无法取得进展的探索在科学上是屡见不鲜的，挫折虽多，努力无疑仍将继续。用另一个角度来比喻的话，寻找火星生命仿佛试图证明一个艰深的数学猜想，时不时有人宣称证明了，却一再被发现是错误的或有待进一步检验。不过事先也许想不到的是，在有关火星生命的诸多"证明"中，一个很著名的例子居然是发生在地球上而不是火星上。1996年，美国国家航空航天局下属的约翰逊宇航中心（Johnson Space Center）的科学家麦凯（David McKay）等人在《科学》（*Science*）杂志上发表文章，提出了一个惊人的观点，那就是1984年在南极地区发现的一块火星陨石含有生命痕迹。这一发现不仅在媒体和公众中引起了很大轰动，连当时的美国总统克林顿（Bill Clinton）都被惊动了。按照麦凯等人的观点，那块陨石的成分显示其来自火星，形成于大约40亿年前。此外，经受宇宙线照射的痕迹显示那块陨石在不受行星大气保护的环境下存在了 1700 万年左右，并于大约 1.3 万年前终止——这表明该陨石大约在 1700 万年前被抛离火星（抛离的原因可能是火星遭受大陨星的撞击，致使岩石飞溅），在太空中经过了漫长遨游后于大约 1.3 万年前掉落到地球上的南极地区。

由于“40 亿年前”这一年龄比当时认为的地球生命的起源年代更久远①，麦凯等人的这一“发现”不仅作为火星生命的可能证据吸引了眼球，而且受到了我们上一篇介绍过的“稀有地球假设”的支持者们的欢迎，并被吸纳为了地球稀有的又一个因素，即地球生命需要一个像火星那样的行星来“播种”。这一因素如果成立，那么我们自己就成了火星生命的后裔，从某种意义上讲，甚至可以干脆称我们自己为火星人了。不过这一因素实在是太过拙劣了（因此没在上一篇中提及），因为哪怕有关那块陨石的一切判断都成立，也丝毫说明不了火星生命是地球生命起源所必须的。火星就算曾经有过液态水，也远远比不上有几十亿年可栖息条件的地球，火星上就算比地球更早产生过生命，甚至早在地球生命出现之前就曾被陨石带到了地球上（麦凯等人提到的那块陨石不在此列，因为那是 1.3 万年前才落到地球上的），也不说明地球生命就一定是它的后裔，更没有理由认为没有它，条件优越得多的地球就不能自己产生

① 不过 2015 年 10 月，科学家们在澳大利亚西部发现了有可能是 41 亿年前的原始生命存在的证据，若得到确认的话，将把地球生命的起源年代前推得更久远。

生命。更何况那块陨石上被麦凯等人视为生命痕迹的细微结构究竟算不算得上是生命痕迹，是源自火星还是落到地球上之后被沾染的，也都大有争议。因此，麦凯等人的观点虽一度轰动，后来却受到了科学家们的广泛质疑并引发了激烈争论。从目前的情况看，质疑明显占了上风，麦凯等人的观点未被科学界所接受。

这一事件对于寻找火星生命来说是有一定的代表性的，因为作为质疑焦点之一的生命痕迹究竟源自火星还是来自地球物质的沾染，在有关火星生命的其他“发现”或“疑似发现”中也是质疑焦点，并且迄今没有一个“发现”能令人信服地经受住那样的质疑。比如 20 世纪 70 年代的“海盗号”（Viking）和上面提到的相对新近的“好奇号”都在火星土壤样本中找到了诸如氯甲烷（chloro methane）或二氯甲烷（dichloro methane）那样的有机物，但都因为无法排除、甚至有迹象显示是来自地球的沾染而无法确立结果的有效性。

关于寻找火星生命，还有一点值得提醒，那就是所谓“生命”或“原始生命”那样的字眼，真正所指的其实只是某些有可能但并非必然由生命产生的有机物。因此，哪怕确立了结果的有效性，跟发现火星生命也不是一回事。因此，迄今的一切探寻距离发现火星生命——倘若有的话——还差得很远，以至于有科学家风趣地表示“有关火星生命的传闻被显著夸大了”

(the rumor of life greatly exaggerated)[①]。如果要从迄今为止探寻火星生命的努力中归纳出什么结论的话，那么也许只有一点是可以肯定的，那就是火星上绝不可能存在如威尔斯小说所描绘的或如洛厄尔所想象的那种能侵略地球或开挖运河的高等生命。

当然，这并不意味着在火星上探寻生命的踪迹已不再重要，由于地球是我们迄今所知的唯一生命来源，而地球上的一切生命由于长期生活在共同环境里相互影响，无论多么千变万化，都是同一株生命之树上的枝叶，都很可能存在由环境所决定的特殊性。从这个意义上讲，倘若能在独立于地球环境的火星上发现生命，哪怕只是原始生命，也完全有可能大大、甚至革命性地增加我们对生命的了解，并深刻影响我们对宇宙中生命是普遍还是特殊的评估。

① 这是效仿流传很广但其实并非原话的著名美国作家马克·吐温（Mark Twain）的一句幽默评论：“有关我死亡的报道被显著夸大了”（The reports of my death are greatly exaggerated）。

3. 我们能成为火星人吗？

如上所述，迄今为止我们尚未在火星上探寻到生命存在的任何确实证据。那么将来会如何呢？一种可能性是：在不太遥远的将来，火星上就会出现生命，而且是高等生命。当然，读者们想必猜到了，我指的是人类自己——在不太遥远的将来，人类有可能登陆火星、建立基地；更长期地讲，则有可能向火星移民甚至将火星“地球化”（terroforming）。因为哪怕火星上连最原始的生命都不存在甚至无法存在，它也依然是除地球以外太阳系行星中环境条件最接近地球的，是人类向其他行星移民的首选之地。

事实上，很多科学家早就在研究载人登陆火星的可能性了。1989 年 7 月，这种热情延伸到了国家领导人的层面上，美国总统老布什（George H. W. Bush）在阿波罗登月 20 周年的纪念讲话上提出了包括载人重返月球及载人登陆火星在内的所谓“太空探索倡议”（Space Exploration Initiative）。2004 年 1 月，美国总统小布什（George W.

Bush）重申了父亲的倡议，取名为“太空探索新图景”（New Vision for Space Exploration）。2010 年，又一位美国总统奥巴马（Barack Obama）也发表了热情洋溢的讲话，展望了于 21 世纪中期完成载人登陆火星计划的前景。而最近热映的影片《火星救援》（The Martian）则把载人登陆火星的时间定为了 21 世纪 30 年代，并且将公众的热情推上了高潮。

当然，影片是不能当真的，而政治层面的倡议则既不能不当真，也不能太当真——因为载人登陆火星那样的计划若要实施，离不开政治层面，但另一方面，那样的计划并非单纯取决于总统，而且计划的长度将大大超出单个总统的任期，从时间上讲也绝非单个总统的倡议所能决定。昔日的超级超导对撞机（Superconducting Super Collider，SSC）的下马就是例子。

虽然载人登陆火星计划能否启动，何时启动，都还是未知数，但很多人在憧憬着那一天，很多机构也在进行着可行性研究，其中包括美国国家航空航天局。1998 年，美国航天工程师祖布林（Robert Zubrin）等人甚至组建了一个称为“火星学会”（Mars Society）的组织，专门研究诸如建立火星基地的可行性那样的课题，该组织的成员和支持者分布在几十个国家，其中包括了有专业学历或经历的科学家、工程师及宇航员等。当然，这方面所有的研究或设想都还或多或少停留在“纸上谈兵”的阶段，并且限于领域的特殊性，在同行评议等方面还难以达到如主流学科那样的严谨性。因此，对我们下面将要介绍的这方面的信息需多存怀疑之心，莫要当成定见——哪怕只是目前意义上的定见。如果有一天载人登陆火星乃至建立火星基地等计划真的进入实施阶段，显然会有更正式也更高水平的研究和实验。但在目前，我们只能用下面这些信息来解解馋了。

载人登陆火星的第一步当然是飞往火星，跟飞往月球的区区三天左右的单程飞行不同，火星虽是地球在行星世界里的邻居，串个门可不容易。飞往火星的轨道有若干选择，其中最节省燃料的是1925年由德国科学家霍曼（Walter Hohmann）提出的所谓霍曼转移轨道（Hohmann transfer orbit）。这个轨道的主体部分是近日点与地球公转轨道相切，远日点与火星公转轨道相切的椭圆轨道的一段。简单的计算表明，沿霍曼转移轨道飞往火星的单程飞行时间约为8个半月，这样的飞行时间对无人探测器来说这不算什么，一旦考虑载人可就成为大问题了，因为这段时间内宇航员所需的食物、氧气等都不是小数目，对于每千克载荷都极其昂贵的行星际飞船来说实在是不可承受之重。除此之外，沿霍曼转移轨道前往火星要求飞船抵达轨道远端时恰好能与火星相逢，这样的条件平均每两年多才会满足一次，从而意味着一旦发生什么事，比如像影片《火星救援》中那样需要向火星上的宇航员提供额外补给时，后续飞船不是随时能够出发的。当然，若不惜多花费燃料，则条件可以放宽，但前提是要有更大推力的火箭。

一旦飞往火星的问题被解决，下一步就轮到建立基地了。这方面需要考虑的因素也不少，首先是能源。在影片《火星救援》中，能源主要是由太阳能板提供的，这与普通航天器的能源机制相同，也是相对来说比较现实的。但缺点也是有的，比如由于离太阳更远，火星表面的光照逊于地球[①]，一旦遭遇沙尘暴，光照还会剧降。更糟糕的是，火星由于引力较弱，且没有植被和液态水，大气中的浮尘远不像地球上那样容易“尘埃落定”，沙尘暴持续数周乃至数月都是不鲜见的，这对于太阳能发电来说意味着很大的不稳定性。

除去太阳能发电还有别的选项吗？人们设想过一些，但也各有各的缺陷。比如核能发电不受环境影响，但除非能显著小型化，否则起码在建立早期基地时是完全不现实的。利用火星地热也是一种可能性，火星因质量较小，核心不会像地球核心那么热，但毕竟是一个行星级的天体，核心毫无疑问仍是相当热的。但这种“热”是否能抵达地表附近被利用却是很大的未知数，而且是不太乐观的未知数，因为从目前的了解来看，显示浅层地热的诸如活火山那样的东西在火星上可能已绝迹数百万年了。虽然这不足以严格排除利用地热的可能性，但除非事先得到探明，否则是不能依靠的。总体来说，可以确定的是：

① 当然，表面光照并非完全取决于距离。火星虽然离太阳更远，却也有一个比地球有利的条件，那就是大气更稀薄，因此在晴好的天气下，被火星大气阻挡掉的阳光比例比地球少得多。不过这一因素抵不过距离因素，因此哪怕在晴好的天气下，火星表面的光照也只相当于地球上多云天或傍晚时的表面光照。

无论哪种能源，起码在一开始都会是紧缺的，像影片《火星救援》那样在无人外出时还开着基地外的探照灯是很奢侈的。

建立基地需要解决的另一个问题是密闭。由于火星表面的气压只有地球表面气压的0.6%左右，且主要成分是二氧化碳（约占95%），无论压强还是成分对人类都是致命的，因此火星基地必须密闭且充有适合人类的空气。在影片《火星救援》中，火星基地内的气压被显示为12.46PSI①，约相当于地球表面气压的85%，或相当于地球上海拔1300m处的气压，无疑是相当舒适的②。但在这种气压下，基地发生爆炸事故后主人公沃特尼（Mark Watney）用塑料布封闭基地就有点不对劲了，除非那貌似塑料布的东西每平方米能承受相当于地球上8.5吨物体的重量！实际上，考虑到在火星上维持空气的不易，保持如此高的气压实在是舒适得太过奢侈了。在“火星学会”的设想中，火星基地内的气压大约有5PSI就够了，这相当于地球上海拔8200m处的大气压。这当然是不够舒适的——在高度上几乎赶上珠穆朗玛峰了（不过除气压相近外，其他方面——比如温度要舒适得多，更不会有冰雪），但行星探索——起码在早期本就是一种挑战极限的行为，就像火箭发射时宇航员需要承受很大的加速度一样，在居住上也很难把舒适当成追求。

① “PSI”是压强的常用单位之一，含义为“磅每平方英寸”（pound pers quare inch），1PSI约合6895 Pa。在这一单位下，地球的表面气压约为14.70PSI。

② 作为比较，我国著名的“春城”昆明的市区海拔高度约为1900 m。火星基地内的气压介于海平面和昆明之间，自然是相当舒适的。

说到火星大气，还有一点可以补充，那就是它虽不能供我们呼吸，有一个作用却不容小觑，那就是对来自太阳风乃至太阳耀斑的带电粒子流产生一定的阻隔作用。因为火星大气对这种粒子流的阻隔作用相当于厚度 21cm 以上的水，虽不能跟地球大气相提并论，却也并非无足轻重[①]。不过另一方面，由于火星表面的大气密度只有地球表面大气密度的 1.6%，因此成为气流时蕴含的能量要小得多。具体地说，火星上的风速要达到地球上风速的 8 倍，才能在破坏力上赶上地球上的风，因此火星上的风或沙尘暴的破坏力比地球上的飓风差远了。比如每小时 100km 在火星上算是比较高的风速了，破坏力却仅相当于地球上介于“轻风”和“微风”之间的每小时 12km 的风，哪怕考虑到火星表面的引力较弱，从而由物体自重产生的抗风能力较弱，像《火星救援》片首那种恐怖的大风也是基本不可能的。

建立火星基地还有一个要素是水。经过这么多年“跟着水流走”的探测，这方面的情况可以说是比较明朗了：火星上的水基本处于冰冻状态，但总量是巨大的，若全部融化的话，足可覆盖整个火星十几米甚至几十米。从分布上讲，除极地有巨大冰帽外，火星土壤里也很可能含有质量比例为百分之几的水，

① 当然，来自太阳风或太阳耀斑的带电粒子流并不是有可能危害人类的唯一辐射来源，很常见的太阳紫外线等，以及更厉害的高能宇宙射线等是无法被火星大气有效阻隔的，但这跟太空站等地的宇航员所受的威胁是同等的，几乎可以算是宇航员这一职业的题中之意。

使基地的选址几乎不受水资源约束。火星堪称丰富的水资源，以及可阻隔部分辐射的大气，使它被很多人视为了比月球更适合移民的星球，而这方面的兴趣，也正是火星探测“跟着水流走”的另一个重要动机。

那么氧气呢——或者更一般地——如何维持包括氧气在内的生命必需物质的循环呢？这方面人们也作了考虑，主要的设想有两类。一类是所谓的生物系统（biological system），即通过植物产生氧气，以人或动物的排泄物为肥料或用微生物分解排泄物，等等。这实际上是地球生态系统的微缩，它的最大问题是可靠性不高，一旦生物循环失调，比如某个物种死亡，就可能造成严重后果。事实上，20世纪末科学家们在地球上尝试过的所谓“生物圈二号”（Biosphere 2）计划，就是设图建立一个这样的生物系统，结果失败了。从规模上讲，“生物圈二号”显然要比初期的火星基地大得多，从而回旋余地也大得多，它的失败表明在火星上采用同类系统的风险是很大的。另一类则是所谓的物理化学系统（physical-chemical system），它包括诸如以电解的方式从二氧化碳或水中获取氧气等手段。这种系统的好处是可控性及可预测性都很高——毕竟我们对物理化学的了解要比对生物的了解深入得多，从而起码在初期应该是更可靠的。

虽然生物系统作为生命必需物质的循环缺乏可靠性，但若是长期逗留的话，作为一种辅助恐怕仍是需要的，起码适当地种点庄稼可能是必不可少的，因为从地球往火星运东西毕竟太困难、成本也太高，宇航员必须学会点“自力更生”。这种“自力更生”从荣誉感的角度讲也是有一定吸引力的，就像影片《火星救援》的主人公沃特尼所说的：“如果你能在一个星球上种庄稼，你就算正式完成了对它的殖民。”

那么，火星上能种庄稼吗？按“火星学会”的估计，答案是乐观的。比如庄稼所需的矿物质在火星土壤里大都也有（虽然具体比例与地点有关），通过适当的选址，再以肥料的形式补充某些含量偏低的元素，在火星土壤里种庄稼从理论上讲是不成问题的。而且庄稼对气压的要求比人类低得多，只需0.7PSI（约相当于地球表面气压的5%）就能存活。当然，你的“庄稼棚”若真的维持如此低的气压，则虽对棚子的强度要求可大大降低（因为内外气压差比较小），你自己每次进入却必须穿上宇航服，是很不方便的。因此也不排除像影片《火星救援》中那样采用与基地相同的气压，以方便进出。当然，理论无法代替实验，这方面今后需要尝试的工作之一，也许就是用无人探测器在火星土壤里真的种点东西，或将火星土壤带回地球来做实验。初次用火星土壤种出任何东西——哪怕在地球实验室里都将是一个激动人心的成果。

一旦初步的火星基地取得成功，下一步也许就是“扩容”，相应地，开采矿产、冶炼金属等也将被提上议事日程，使火星基地越来越自给自足。再往后，则也许就轮到向火星移民了，而最终则不排除把火星“地球化”，包括改造它的大气，通过适当的温室效应提高它的表面温度，等等。如此，则渐渐地火星将成为人类的星球，人类将成为火星人。不过也别太乐观了，这种前景除了要面对技术和资金上的诸多困难外，在政治上也绝非没有反对意见。比如有些人就主张要保持火星的原生态，不能用地球生物来“污染”火星。跟持这种主张的人辩论当然不会有结果的——就像很多其他政治辩论不会有结果一样。不过换个角度思考也许会不无助益：载人登陆火星、向火星移民乃至将火星“地球化”若成为事实，乃是宇宙中一个星球上的高等生命向另一个星球自发扩散的现象。若联系到“稀有地球假设”，认为高等生命在宇宙中也许是稀有的，或即便不像“稀有地球假设”所认为的那样稀有，起码要比低等生命稀有得多，则那样的扩散也可视为是宇宙演化过程中的一个奇迹，远比像火星那样的行星珍稀得多，我们难道不该对这种更珍惜的奇迹给予更多的支持吗？

关于火星我们就谈到这里。总之，火星是一个令人期待的行星，不仅是除地球以外人类最有可能栖居的行星，而且人类踏足火星的那一天有可能是我们这代人都看得见的，这是足令人翘首期待的。告别了火星，我们的行星之旅将要进入一个完全不同的世界，一个气态巨行星的世界，等在前方的是太阳系行星里的“老大哥”——木星。

第5章

太阳系行星的老大哥——木星

1. 并非气态的气态巨行星

无论从体积还是质量上讲，木星（Jupiter）在太阳系行星里都是当之无愧的“老大哥”，它的体积约为地球体积的1321倍，质量约为地球质量的318倍，两者都比已知的太阳系所有其他行星的总和还大得多。与这一身份完全相称的，木星在罗马神话中被称为朱庇特（Jupiter），是众神之王。

细心的读者也许会问：在罗马神话出现的年代里，难道人们就已经知道木星的巨大了吗？答案当然是否定的。那么，当时的木星为什么会被冠以“众神之王”的威名呢？是纯属巧合吗？答案是：不完全是巧合，但确实也有巧合的因素。

这巧合的因素在于木星的公转轨道周期很接近12年（确切地说是约为11.86年），因此每年木星在所谓黄道带（Zodiac）上的角度移动约为圆周的1/12。另一方面，包括古罗马在内的很多古文明都将黄道带分为12个星座，每个星座的范围恰好约为圆周的 1/12[①]。因此木星的运动几乎恰好是每年经过一个星座，在喜欢对一切都拟人化的古人眼里，这运动便仿佛是巡视天空的“君王”的步履。

当然，每年经过一个星座的未必一定得是君王，也完全可以是跑腿递信的小角色。木星为什么偏偏被想象成了“君王”呢，是因为它很亮——无论以最大表观亮度还是平均表观亮度而论，都仅次于月亮和金星，是夜空中排名第三的最明亮天体。不仅如此，哪怕在最暗淡的时候，木星的表观亮度仍比夜空中最明亮的恒星——天狼星（Sirius）更亮，因此木星无论经过哪个星座，都比那个星座里的任何星星都更亮。木星的明亮当然不是巧合，而是与它的巨大密不可分的。这个并非巧合的因素与前面那个纯属巧合的因素合在一起，便成就了木星“众神之王”的威名。

由前面提到的体积和质量不难推算出，木星的平均密度是相当低的，只有地球平均密度的 24% 左右，与水星、金星和火星相比也低得多，是一个平均结构比较松散的家伙。另一方面，木星的自转在太阳系行星里却是最快的，不到 10 小时就能转动一周，其赤道上的旋转线速度高达每秒 12.6km，比地

① 将黄道带分为 12 个星座的做法本身的原因已不可考，最有可能是因为一年有 12 个月，但也有人猜测木星的公转周期很接近 12 年才是原因。若后者成立，则我们所说的巧合因素将不再是巧合。

球表面的逃逸速度还高[①]。一个平均结构比较松散的庞然大物自转得这么快，一个可以预期的结果是它的形状会显著偏离球形。据测定，木星的赤道直径比两极直径长了 9000 多千米（相应的扁率约为 6.5%），能塞下大半个地球。

望远镜问世之后，人们开始对木星进行细致观测。这种观测首先展示的是木星的大气层。这当然是毫不意外的，像木星这样巨大的行星有巨大的引力，当然会有大气层。但大气层下面的“地面”是什么样子的呢？却有些扑朔迷离，很多人费了很大的努力试图探明，却全都失败了。在那些努力中，木星大气层里的一些颜色较暗的区域曾被当成是从云层空隙里透出来的木星“地面”，可惜关于这种“地面”的观测却从未得到过一致而可信的结果。现在我们知道，木星是一种跟水星、金星、地球及火星很不相同的行星，虽然我们也谈论木星的“大气层”，但像木星这种行星的“大气”其实并非只是一个薄薄的“层”，而是以一种不存在截然界限的连续方式与内部物质融为一体的。套用一句网络流行语来说的话，在木星的整个外层区域里，“一切都是浮云”。

① 地球表面的逃逸速度也叫“第二宇宙速度”（second cosmic velocity），是摆脱地球引力束缚所需的等价速度，数值约为每秒 11.2km（对这一速度的含义及推算感兴趣的读者可参阅拙作“火箭：宇航时代的开拓者”，收录于《因为星星在那里：科学殿堂的砖与瓦》，清华大学出版社 2015 年 6 月出版）。不过，木星赤道上的旋转线速度虽高，却不必担心物质会飞散，因为木星“表面”的逃逸速度比地球高得多，达到每秒约 59.5km。

人们将这种行星称为气态巨行星（gasgiant）。

木星是气态巨行星这一特点从它超低的平均密度上也不难看出端倪来，因为木星的平均密度跟太阳的相近（两者分别约为 $1.3g/cm^3$ 和 $1.4g/cm^3$），而太阳在很大程度上是一个巨大的“氢气球”[①]。进一步的研究表明，在木星的元素组成中，两种最轻的元素——氢和氦分别占了总质量的 71% 和 24% 左右，总比例约为 95%，在外层大气中，这一总比例更是高达 99% 左右。

不过，气态巨行星这一名称并不表示木星是一个纯粹的气态星球。像任何其他巨大天体一样，在自身引力的压缩下，木星的密度和温度都是外层低、核心高：外部是货真价实的气态，内部物质的状态则相当复杂。基于模型所作的研究显示，在木星“表面”以下约 1000km 处，巨大的压强将使氢渐渐由气态转为液态。在深度约 10 000km 处，木星物质的温度达到了接近太阳表面温度的 6000℃左右，压强则高达约 100 万个大气压。在那样的高温、高压条件下，构成木星物质主体的氢将变成所谓的液态金属氢。液态金属氢是一种导电流体，巨大的电流可在其中回旋。一般认为，木星那强度比地球大一个数量级、位列太阳系行星之冠的巨大磁场便是源自那样的电流。而在木星的最核心区域，压强更是高达数千万乃至上亿个大气

① 具体地说，在太阳的总质量中约 71% 是氢，27% 是氦。

压，温度也高达 20 000℃左右，那里的元素组成包含了占木星总质量的比例虽不大，但绝对质量仍比整个地球的质量还高一个数量级的重元素。这种重元素的大致数量可以从对木星引力的细致探测中粗略地估计出来，同时它的存在也是行星演化理论所预期的，因为一般认为，正是重元素组成的核心区域的巨大引力源源不断地将附近的气体吸积过来，才最终喧宾夺主地形成了作为气态巨行星的木星。

木星核心的高温还有一个体现，那就是木星向外辐射的能量比它从太阳吸收的能量更多，而且多出的部分相当显著。那额外能量是从哪里来的呢？一个显而易见的来源就是从核心的高温区域逃逸出来的内部热量。这种类型的热量逃逸在各个行星中多多少少都存在着，但用来解释木星的额外能量却似嫌不够，因为木星向外辐射的能量实在太多，哪怕多出的部分也比来自太阳的总能量更多，这使人们怀疑除内部热量的逃逸外，还需寻找其他的能量来源。这其中被认为较有希望的一个来源是木星的缓慢收缩。星体的收缩会使星体物质的引力势能转变为热能，这是一种人们早就知道的机制，并且在 19 世纪时还一度被苏格兰物理学家沃特斯顿（John Waterston）、德国物理学家亥姆霍兹（Hermann von Helmholtz），以及英国物理学家汤姆孙（William Thomson）等人视为太阳的能量来源。可惜太阳发射的能量实在太巨大了，绝非引力势能所能长期支撑，因此这种机制很快就被淘汰了[①]。但木星的情况不同，它辐射出的额外能量以行星标准来衡量虽然可观，跟太阳却全然不可同日而语，而且也并无观测证据显示这种辐射像太阳辐射那样持续了数十亿年。因此木星的缓慢收缩作为额外能量的来源或来源之一是不无可能的。计算表明，木星的直径只要每年收缩几厘米，释放出的引力势能就足以提供全部的额外能量，而这样的收缩是与任何观测都并不矛盾的，因此算得上是一种有希望的假设——当然，也只是假设而已。

① 对这种用引力收缩解释太阳能量的提议感兴趣的读者可参阅拙著《上下百亿年：太阳的故事》（清华大学出版社 2015 年 8 月出版）的第 8 章。这种提议被称为“引力说”，也叫做“开尔文－亥姆霍兹机制”（Kelvin－Helmholtz mechanism）——其中的“开尔文”是因为汤姆孙就是后来的开尔文勋爵（Lord Kelvin）。

2. 狂暴的木星大气

木星是气态巨行星这一特点对我们的行星故事有一个很大的便利，那就是没有了“表面”，从而也就不必介绍“地貌”了。但另一方面，气态巨行星顾名思义，使“气”（大气）的地位大为提升，因此在这方面需多费些笔墨。不过，迄今人们所能探测的木星大气还只是最表层的部分，无论望远镜还是行星探测器都尚不能让我们窥视木星大气深处的奥秘。在人类探测外太阳系的历程中，早期的四大行星探测器——“先驱者 10 号”（Pioneer 10）、“先驱者 11 号”（Pioneer 11）、“旅行者 1 号”（Voyager 1）、“旅行者 2 号”（Voyager 2）都曾先后掠过木星，拍摄了大量照片。它们也没白干这差事，都从木星的巨大引力场中获得了所谓的“引力助推”（gravity assist），达到了更高的速度，并先后飞越了曾被视为太阳系边界的冥王星轨道。除这些“过路”的行星探测器外，人类还在 1989 年发射过一个旨在与木星“亲密接触”的“伽利略”（Galileo）探测器，它于 1995 年抵达木星附近，并向木星投放了一个大气层探测器。

那个大气层探测器以每秒约50km的巨大初速度进入木星大气，在将近58分钟的生存期内，经历了摩擦产生的约15 000℃的高温及相当于地球表面重力加速度230倍的巨大减速，最终在压强约23个大气压、深度约156km的木星大气中层中“失联”。别以为气态巨行星是个软绵绵的东西，它在某些方面简直要比坚硬的大地更严酷，那个大气层探测器的最终命运有可能是在更深层的木星大气中被气化，可谓是“尸骨无存”。而“伽利略”探测器本身在环绕木星飞行近8年，拍摄了约14 000张照片之后，也于2003年一头栽进木星大气层，以同样悲壮的方式结束了自己的使命。

在针对木星大气——确切地说是高层大气的观测中，后者显现出的最鲜明的特征之一就是大范围的带状结构。那些结构基本上与赤道平行，颜色则大体上深浅交错。为便利起见，人们把颜色较深的区域称为“带”（belt），把颜色较浅的区域称为“区”（zone）。进一步的研究表明，“带”是木星大气的低压区，气体在那里下沉，“区”则木星大气的高压区，气体在那里上升。木星大气的这种大范围带状结构是比较稳定的，以至于天文学家们可以对它们作出比较固定的标注。一般认为，这样的稳定性并非偶然，而是与木星自转平面与公转平面的夹角特别小不无关系。木星自转平面与公转平面的夹角只有3°左右，是已知的太阳系气态巨行星中最小的，这使得木星上几乎没有季节之分，从而也就没有季节之分带来的大范围大气运动，这对维持大范围带状结构的稳定不无帮助。

除稳定性外，大范围带状结构的起源也是一个问题。木星大气为什么会形成这种“带”和“区”交错分布的大范围结构呢？一般认为，两个因素有可能起着主要作用：一个是木星深处热量造成的大气对流，另一个则是木星的快速自转。这种设想具备一定的实验依据，因为人们在实验室里已能定性地再现这种旋转流体中的对流形成带状结构的现象。不过就算大体上能够解释，细节上的复杂性却仍然不是当前理论所能覆盖的。事实上，只要将观测尺度稍稍缩小一点，木星大气立刻就会展现出近乎无穷无尽的额外复杂性，比如“带”和“区”的颜色、宽窄等均非一成不变，两者之间充斥着被称为“喷流”（jet）的风速达每小时数百千米的狂暴飓风，等等。木星云层的放大照片所显示出的层次之繁复，有时简直能让人联想起诸如芒德布罗集（Mandelbrot set）那样的分形图案。

不过，对这些额外复杂性作出定量分析虽极为困难，但它们也跟木星深处热量造成的大气对流及木星的快速自转密切相关，则几乎是不言而喻的。这其中木星的快速自转尤其值得一提。我们知道，行星自转会在行星上产生所谓的科里奥利效应（Coriolis effect），它是大气中的大型旋涡运动的重要起因。对于像木星那样快速自转的行星来说，这一效应要比地球上的强劲得多，由此产生剧烈的乃至狂暴的大气运动起码在定性上是不足为奇的。此外，木星自转还有一个重要特点，那就是不同纬度上的自转快慢不尽相同。这种被称为“较差自转”（differential rotation）的现象并非木星独有，而是非固态天体（比如外层同为气态的太阳）或天体系统（比如星系）中的常见现象。观测表明，木星高纬度区域的自转周期比赤道附近区域慢了 5 分钟左右。别小看这区区 5 分钟的差别，对于木星那样的庞然大物来说，它所对应的大气相对运动速度高达每小时近 400km，比地球上最厉害的飓风的风速还高得多。正是这些因素的共同作用，塑造了千变万化的木星大气。

“旅行者 1 号”拍摄的木星“大红斑”

与大范围带状结构可以相提并论的，是木星大气中的另一个引人注目的结构："大红斑"（giant red spot）。这是位于木星南半球的一个边缘风速达每小时数百公里的巨型反气旋（anticyclone）[①]。"大红斑"虽然应算局部结构，但块头却异乎寻常的大，以面积而论足可容纳好几个地球。此外，"大红斑"的存在时间也异乎寻常的久，绝非地球上的任何气旋可比。翻"历史旧账"可以发现，人类很可能自17世纪后期开始就对"大红斑"有了陆陆续续的观测记录，即便考虑到早期记录的不尽可靠，可靠的记录也起码有一个半世纪以上。在这么长的时间里，"大红斑"的位置虽有所漂移，块头虽有所变化，却始终是一个巨无霸。这种令人惊讶的稳定性是什么原因造成的呢？一般认为，首先可能是因为在气态巨行星上，"大红斑"不会像地球上的飓风那样因为受到固态地面的阻尼而快速衰减。其次，大红斑上方和下方的云层中分别有往西和往东的巨大气流，运动方向与大红斑边缘气流的方向相一致，使得大红斑仿佛是夹在两个运动平板之间的球，可以自然而然地维持滚动。

除结构外，木星大气的另一个有待理解的特点是颜色。事实上，我们之所以能识别木星大气中这么多的结构，一个很便

① 在地球上，南半球的大型气旋通常是顺时针旋转的，称为气旋（cyclone），木星的"大红斑"在这点上与地球上的情形恰好相反，是逆时针旋转的，故称为反气旋。之所以会有这种差别，是因为木星的"大红斑"是一个高气压，而地球上的大型气旋通常是低气压，两者在由行星自转产生的科里奥利效应的作用下恰好会产生相反的旋转。

利的原因就是那些结构可以通过颜色来识别，比如“带”的颜色较深，“区”的颜色较浅，“大红斑”偏于红色，等等。这些颜色各异的结构究竟是由什么物质构成的，才会显现出那样的颜色呢？这在目前还没有完整答案。但有一点是明确的，它不会像地球上的云层那样以水气为主打，因为木星离太阳比地球远得多，虽有内部热源的帮助，云层高处——也就是外部观测者所看到的云层的温度依然在 -100℃以下，那里若有水气的话将会处于永久冰冻状态，不仅无法形成激烈变动的结构，而且还会沉陷下去。更何况从颜色上讲，水气跟木星云层中的那些结构也对不上号。

如果不是水气，那会是什么呢？通过光谱学等手段所进行的研究显示，东西还真不少，比如有氨（ammonia，NH_3）、氢硫化氨（ammonium hydrosulfide，NH_4SH）、甲烷（methane，CH_4）、乙烷（ethane，C_2H_6）、膦（phosphane，PH_3）等成分。这些成分处于动荡的对流之中，再加上厚薄、高低等各不相同，在阳光照耀下会反射出各种不同的颜色。当然，这只是定性解释，很多细节——比如某种特定颜色为何集中出现在某类特定结构中等则需要更细致的分析。另一方面，水气在木星大气中也并非彻底缺席，而只是倾向于沉到温度比较接近地球云层的地方而已。水气在木星大气中不仅存在，所扮演的角色也并非如“路人甲”、“路人乙”那样无足轻重，比如木星云层中的闪电就被认为是像地球上的闪电那样是由水气云团产生的[①]。由于木星大气的运动远比地球大气更剧烈，有些闪电也远比地球上的闪电更厉害，威力能达到后者 1000 倍左右。

木星作为巨行星，不仅自身的质量和体积都拿得出手，而且还有一个庞大的卫星系统，一扫内太阳系四大行星总共只有三颗卫星（而且其中两颗——即火星的两颗卫星简直就是两块石头）的“寒酸”局面。截至 2013 年，已发现的木星卫星多达 67 颗，是太阳系里最庞大的卫星系统。在这些卫星中包括了除月球外最早被发现的四颗卫星：木卫一、木卫二、木卫三和木卫四，它们都是由著名科学家伽利略（Galileo Galilei）发现的，故称为“伽利略卫星”（Galilean moons）。这四颗卫星都很巨大，其中木卫三是太阳系里已知最大的卫星，体积甚至比水星还大[②]！这些卫星中的木卫二——也称为“欧罗巴”（Europa）——也是一颗重要卫星，被认为有可能存在由液态水组成的地下海，其中甚至有可能存在初等生命。

说到生命，我们在前文介绍稀有地球假设时曾经提到过，稀有地球假设的支持者们把木星的存在列为了地球上出现高等生命的条件之一，原因是木星有助于扫清太阳系空间里的陨

① 这一点并不是偶然的，水分子是所谓的极性分子（polar molecule）——正负电荷中心相互错开的分子，且极性较大——即错开的程度较为显著。这种分子的正负电荷容易被分离，而分离的正负电荷数量积累到一定程度时就会形成闪电。

② 不过由于水星的密度超高，以质量而论要比木卫三大得多。

石。这一点所起的作用——如我们在前文提到过的——是有争议的。不过木星对陨石的清扫能力倒并不是吹牛，而是在过去短短几十年间就展现了不止一次，其中最著名的是所谓的“苏梅克 – 列维 9 号彗星”（Comet Shoemaker · Levy 9）撞击木星事件。

“苏梅克 – 列维 9 号彗星”是 1993 年由美国天文学家苏梅克夫妇（Eugene Shoemaker 和 Carolyn Shoemaker）及“老搭档”加拿大天文学家列维（David Levy）共同发现的[①]。被发现时这颗彗星位于木星附近，并且已裂成了很多碎片，其中大碎片的线度为 1~2km[②]。

“苏梅克 – 列维 9 号彗星”被发现之后，天文学家们照例计算了它的轨道，结果发现它正走在了一条“死亡之路”上——其各大碎片于 1994 年 7 月，在为期约一周的时间里，先后与木星相撞。可惜的是，撞击点位于木星相对于地球的背面，无法从地球上直接观看撞击过程。但木星的快速自转使撞击点在撞击后不到一小时就能转到木星正面，向我们展示撞击遗迹。

① 细心的读者也许会问：“苏梅克 – 列维 9 号彗星”中的“9 号”二字从何而来？那是因为苏梅克等三人乃是寻找彗星的老手，“苏梅克 – 列维 9 号彗星”是他们联手发现的第 9 颗彗星。

② 是谁把“苏梅克 – 列维 9 号彗星”裂成碎片的呢？最有可能的“凶嫌”是木星的巨大潮汐作用。不过这“凶嫌”对天文学家来说倒是帮了大忙，因为在离太阳如此遥远的距离上，彗星上的易挥发物质尚不会挥发，若不是裂成碎片增加了对阳光的反射，“苏梅克 – 列维 9 号彗星”是很难在那样的距离上被发现的。

在巨大的木星引力作用下，“苏梅克－列维 9 号彗星”撞击木星的威力是很惊人的，与木星大气摩擦产生的温度高达约 24 000℃，大碎片的撞击能量相当于引爆数百万个百万吨级氢弹，爆炸产生的“火球”可窜升至木星云顶以上约 3000km 处。这样的碰撞若发生在地球上，即便会因地球的引力较弱而威力稍逊，仍足以对整个生物圈造成毁灭性打击。木星作为气态巨行星，虽早已不是外星生命的热门候选地，但仍有人设想在木星大气中温度适宜的区域里存在浮游生物。这类设想大都忽略了木星直到今天仍会每隔几千年这种从天文及生物演化角度讲非常短的时间间隔，就遭受一颗像“苏梅克－列维 9 号彗星”那样规模的陨石撞击，这对于任何生物的存在都是极具摧毁性的。从某种意义上讲，木星对太阳系空间的清扫作用对任何有可能栖居在木星上的生物本身也是一种清扫。

关于木星我们就介绍到这里，接下来将要拜访的是太阳系最外侧的“经典行星”（classical planets）①——她同时也是太阳系最美丽的行星，虽然她不仅不像金星那样顶着“阿佛洛狄忒”或“维纳斯”的美名，而且还有一个特“土”的中文名字叫做土星。

① 这里所谓的经典行星，是指自水星、金星、地球、火星、木星、土星这六颗早在远古时候就为人们所知的太阳系行星——虽然那时候地球的身份不是行星。

第6章

最美丽的行星——土星

1. 能“浮”在水上的行星

美国天文学家泰森（Neil deGrasse Tyson）写过一本自传，叫做《天空不是极限》（*The Sky Is Not The Limit*）。在其中，泰森提到他 14 岁那年有幸与很多科学家同船前往非洲西北海岸观看日全食。在船上举办的趣味竞答中，泰森因答出一道关键的题目而大大露了脸。那道题目是：除美丽的光环外，土星还有什么特征与其他行星截然不同？答案是：土星是太阳系里唯一可以浮在水上的行星——因为其平均密度不到 $0.7g/cm^3$，比水还小。

我读到泰森的这段回忆时不禁有些扼腕，因为我在他那个年龄时也是知道这一点的，可惜却不曾有那样的机会来“显摆”。不过，咱们这篇土星故事倒是可以从土星的这一特点开始谈起。

关于这一特点，其实应该指出的是：所谓土星“可以浮在水上”只是形象描述，便于让人对土星的平均密度比水还小这一特点有一个深刻印象，事实上却是不成立的。读者也许会说，那是当然啦，因为根本就没有那么大的“海”，能容得下土星嘛。这当然也没说错。不过，土星之所以不能浮在水上并非只是因为没有那么大的“海”，而是原则上就不可能。为什么呢？因为当普通物质——比如水的数量积累到能与巨大的土星相提并论时——甚至远远不到这一数量时，引力就将成为主宰一切的力量。那些本质上是由原子或分子之间的其他相互作用产生的，在日常尺度上相当“顽固”的宏观物性在引力面前将会“一败涂地”，遭到彻底改变。

引力的这种主宰作用我们其实早就见识过了，比如在介绍木星时我们就已提到过，像氢那样的所谓气体在木星引力产生的巨大压强作用下可以变为液体，乃至成为“液态金属”。而所有大型天体共有的接近球形的形状则从另一个侧面告诉我们，在巨大的引力面前，组成大型天体的任何物质本质上都是“软”的，只能任由引力将之“揉捏”成天然的形状——球形①。知道了这一点，就可以很清楚地推断出，倘有一个以体积而论容得下土星的“海”，那么不仅其深处的物态将显著不同于普通的液态水，而且土星也决不可能浮在“海”上，而是会“融化”到“海”里，两者共同组成一个接近球形的新天体。这是引力所能允许的唯一结果。

① 事实上，所有直径在数百千米以上的天体——包括几个所谓的“小行星”的形状都是接近球形的，因此“大型”的门槛并不高。当然，这里我们忽略了天体自转等“准引力”因素造成的大范围形状偏离球形的现象，但这并不影响我们的叙述逻辑。

谈完了这段插曲，我们正式介绍一下土星。

与木星一样，土星也是一个气态巨行星，它的质量约为木星质量的 30%（或相当于地球质量的 95 倍左右），体积约为木星体积的 68%（或相当于地球体积的 764 倍左右），两个数据都在太阳系已知行星中位居第二。土星的这两个数据给我们提出了一个问题，那就是：土星和木星在块头上的差别为什么远不像质量上的差别那么悬殊？这个问题的答案某些读者或许猜到了，那就是我们在介绍类地行星时曾经提到过的，行星的质量越大，引力就越强，自重造成的压缩作用也就越显著。由于气体的压缩性远大于固体，因此虽然气态巨行星并非整体气态，自重造成的压缩作用仍比类地行星的显著得多。事实上，某些模型计算显示，气态巨行星存在一个与元素组成有关，但与总质量几乎无关的特征半径。对于元素组成像土星和木星那样的气态巨行星来说，这个特征半径约为 70 000km，很接近木星的平均半径，这是土星和木星在块头上的差别远不像质量上的差别那么悬殊的主要原因①。

同样与木星一样，土星虽是气态巨行星，其实也只有外层

① 当然，特征半径的存在只是说明气态巨行星的半径变化范围较窄，对质量的依赖较不敏感，而绝不意味着气态巨行星的半径与质量无关。更何况不同气态巨行星的元素组成也不会完全相同，因此土星的半径毕竟还是要比木星的略小，而质量比木星更大的气态巨行星的半径通常也会略大。不过模型计算表明，元素组成与木星相似的气态巨行星的最大半径也不过就是 80 000km 左右，那种气态巨行星的质量一般为木星质量的 4~5 倍。质量继续增大时，气态巨行星的半径反而会略微缩小。

物质才是真正气态的，无论以相对质量还是相对体积而论，气态部分实际上都并不大。气态巨行星跟类地行星的最大不同之一，与其说是气态与固态之别，不如说是前者不像后者那样存在一个可以明确指认的固态“表面”，因为气态巨行星的物质状态是自外而内渐变的。

具体地说，土星物质自外而内的渐变是这样的——当然也主要是基于模型分析：表面以下约1000km处，土星物质将由气态转变为以液态氢为主的液态。这个深度与木星物质由气态转为液态的深度几乎一样，这一点可能会让细心的读者感到奇怪，因为土星的质量远小于木星，引力产生的压强也小于木星，为何物质状态会在几乎同样的深度上由气态转为液态呢？这是因为物质的状态跟温度也有密切关系，土星由于离太阳更远（平均距离约为9.5天文单位，比木星离太阳的5.2天文单位远了近一倍），相应地，同等深度的壳层内的土星物质的平均温度要比木星物质的平均温度更低，从而更容易变成液态，这一因素恰巧抵消了压强的不足。再往下，在深度约15 000km处，液态氢进一步变成了液态金属氢。而最终，在一个半径约25 000km的核心区域里，聚集了土星物质里的重元素，数量与木星的相比可能略小，但仍比整个地球的质量还大一个数量级左右。

由于离太阳更远，土星云层的平均温度也比相应的木星云层的平均温度更低，这种温度差别产生了一个很显著的观测效应，那就是形成了一个几乎覆盖整个土星的氨冰构成的高空云层。这个云层不仅给了土星一个貌似“文静”的模样，而且也是土星那淡黄色基本色调的主要来源。不过，这个貌似“文静”的模样纯属表面现象，在它下面的真正的土星大气运动，是狂暴程度与木星大气运动相比有过之而无不及的——有时甚至会撕裂氨冰云层而露出峥嵘。在对土星有些基本了解之后，这一点其实是顺理成章的，因为造成木星大气运动狂暴的主要原因——星体深处的热量造成的对流以及星体的快速自转对土星来说也是一个都不缺的。

与木星高度相似，土星向外辐射的能量也比它从太阳吸收的能量更多，且多出的部分也相当显著（比来自太阳的总能量更多）。与木星不同的是，土星由于引力较弱，不太可能像木星那样以自身的缓慢收缩作为额外能量的全部来源（虽然那本身也只是假设）。那么，土星的额外能量从何而来呢？这个问题在很长一段时间里难倒了科学家们。假如这个问题得不到正面解决，留给我们的将是一个很糟糕的假设，那就是假设土星远比太阳系的其他行星更年轻。这个假设之所以会被提出，是因为所有行星在形成之初都处于高温状态——因为都是无数次大碰撞的产物，然后慢慢冷却。土星不够“冷”的一种显而易见的可能性就是它形成于不那么遥远的过去，从而残留了更多的大碰撞余温。但估算表明，要想用这个假设解释土星的额外辐射，土星的年龄将只有25亿岁——比太阳系其他行星年轻了整整20亿年！从目前公认的太阳系演化理论的角度讲，这个假设是相当荒谬的。但如果不接受这个荒谬假设，就必须为土星的额外能量找到一种新来源。

到底什么机制可以为土星的额外能量找到新来源呢？最近科学家们在这方面有可能取得了一些进展，他们提出了一种被称为“氦雨”（helium rain）的机制。按照这种机制，土星内部的液氦会像下雨一样落向土星的中心，在下落过程中将引力势能转变为热能。模拟计算显示，这种机制不仅具有一定的物理可行性，与观测到的土星额外辐射相比也有不错的吻合，因而是颇有希望的。有趣的是，这种机制从某种意义上讲跟木星的缓慢收缩一样，也是一种早年曾被用来解释太阳的能量来源，却不幸遭到淘汰的机制——当然细节上是完全不同的，因为在后者中落向太阳中心的不是“氦雨”而是陨星[1]。这些在解释太阳的能量来源时遭到淘汰的机制在行星世界里浴火重生不是偶然的，宇宙的浩瀚提供了很大的机会，使得很多不违背物理定律的机制都有可能在某个角落里找到让自己亮相的舞台。

① 这一机制因此而被称为“陨星说”，对这一机制感兴趣的读者可参阅拙著《上下百亿年：太阳的故事》（清华大学出版社2015年8月出版）的第8章。另外需要说明的是，新近的研究显示“氦雨”很可能在木星上也存在，不过土星的低温条件更有利于它的产生。

同样与木星高度相似，土星也是一个自转很快的行星。这个太阳系行星里的“千年老二”不仅质量和体积排行“老二”，自转周期之短也同样是“老二”——略多于10小时，与木星相近而远比其他行星的短。由于自转之快接近木星，密度和引力却远低于木星，土星因自转造成的形变比木星的更为显著：赤道直径比两极直径长了近12 000km（相应的扁率约为9.8%），几乎相当于地球的直径。除自转很快外，土星与木星一样，也存在“较差自转”的现象，而且比木星的更显著，赤道附近区域和两极附近区域的自转周期约为10小时14分钟，与其余部分相比短了约25分钟，远比木星“较差自转”所涉及的5分钟来得大，这是土星大气运动甚至比木星大气运动更为狂暴的重要原因。

从细节上讲，土星大气中虽没有像木星大红斑那样引人注目的结构，却也有自己的“独门”奇观：一个位于北极区域的“六边形”（hexagon）。这个“六边形”是土星云层里的一个巨型图案，边长将近13 800km，以面积而论足可放下地球而绰绰有余。由于所处位置等因素的影响，这个“六边形”巨型图案从地球上直接观测是比较困难的——虽然在知道其存在之后也并非不能，因此直到20世纪80年代在对“旅行者”系列飞船所拍摄的相片作技术分析时才被发现，此后则分别得到了地球上的直接观测，以及“卡西尼号”（Cassini）土星探测器所拍摄的照片的证实。

“卡西尼”号拍摄的土星“六边形”

土星上的“六边形”巨型图案是如何形成的呢？科学家们也作了探讨。在旋转流体中出现多边形——尤其是六边形图案的本身是算不上神秘的，因为那是实验室里就能再现的东西（比如桶中的旋转流体就能产生出那样的图案）。但实验室里的那些多边形图案能否用来说明土星上的“六边形”则是尚无定论的，因为土星云层的环境跟实验室里产生多边形图案的环境有着不小的差别——比如土星云层里并不存在“桶”。不过经过很多科学家多年的研究，有些模拟土星云层环境的计算已经可以得出与土星上的“六边形”相近的结果，虽不能算一锤定音，却给了人们很大的希望。

2. 土星的光环和卫星

关于土星本身，我们就介绍到这里。照说这个系列既然名为“经典行星的故事”，重点就该只是行星本身，在以往各篇中，我们也确实是这么做的，甚至连我们头上的那轮明月——地球的卫星也没占到什么篇幅。不过到土星这里，有必要破一次例了。因为所有其他行星都可以独自出镜，唯独土星是连一张不带光环的相片都很难找到的——当然，指的是近距离“全身照”。因此，虽为“身外之物”，土星的光环（rings of Saturn）却实在是这颗行星“神圣不可分割的部分”，值得破例介绍。

我们在前文称土星为“太阳系最美丽的行星”，这一点如今大约算得上是公认无疑的。但另一方面，我们也提到了“她不仅不像金星那样顶着‘阿佛洛狄忒’或‘维纳斯’的美名，而且还有一个特‘土’的中文名字”。出现这种“名不副实”的情形并非偶然，乃是因为土星的美丽在于其光环，而土星的光环却是肉眼无法看见的，因而在人们为经典行星命名的年代里完全不为人知。

最早发现土星光环的人是意大利科学家伽利略。1610 年，这位用望远镜观察星空的科学先驱发现土星是一个左右各长了一只“耳朵”的行星，用他比较正式的文字来说，“土星不是单个的，而是由三个彼此几乎相接的部分组成的”。由于那时伽利略已经发现了木星的四颗卫星，因此地球以外的其他行星有卫星已不再是出人意料之事，但土星那两只“耳朵”不仅形状不像卫星，块头远大于卫星，而且也不像卫星那样在相对较短的时间之内就改变位置。更奇特的是，它们的位置也并非完全不变，只是变得特别缓慢。到了1612 年，又一桩奇事发生了：土星的“耳朵”不翼而飞！这一现象让伽利略发出了“对于这种如此令人惊讶，如此出人意料，如此新奇的情形，我不知道说什么才好”的感慨。感慨之余，他也许想起了土星因之而得名的那位巨神在希腊神话里叫做克洛诺斯（Cronus），其最著名的“事迹”就是吞吃自己的儿子。“土星吃掉了自己的孩子吗？”伽利略如是问道。不过一年之后，土星的“耳朵”又重新长了出来，这问题也就不了了之了。

伽利略虽发现了我们如今称为土星光环的东西，但他的望远镜不够大，使他终其一生也未能窥视出土星“耳朵”的真面目。不过尽管不知道土星“耳朵”的真面目[①]，它的存在却也印证了伽利略的一个重要观点，即行星并不如当时人们宗教式想象里的那样完美。伽利略的很多天文发现，比如月球的地貌，太阳的黑子等，都直接冲击了天体完美的观念，土星的“耳朵”乃是又一个例子。伽利略对这一发现相当重视，在正式宣布之前就先用字谜（anagram）的形式确立了优先权。据说这是开了科学家用字谜宣布发现的先河。自那以后，字谜不仅在包括牛顿（Isaac Newton）、胡克（Robert Hooke）在内的科学家之中，而且还在当时跟科学家的区分还比较模糊的炼金术士、占星术士和巫师之中流行了起来。

那么，最早意识到土星“耳朵”是光环的人是谁呢？是荷兰科学家惠更斯（Christiaan Huygens），时间为1655年。那时伽利略已经去世13年了，望远镜技术也有了进一步提高。利用时间带来的“技术优势”，惠更斯发现被伽利略称为“耳朵”的东西乃是一个与土星不相接触的既薄且平的环。如果土星的“耳朵”是一个既薄且平的环，那么它的形状不像卫星以及块头远大于卫星就都不是问题了，不像卫星那样在相对较短的时间之内就改变位置也变得显而易见了，因为环转来转去也仍然

---

① 值得一提的是，伽利略虽未能窥视出土星“耳朵”的真面目，对它的了解却也并非泛泛。在给一位朋友的私人信件中，他预言了土星“耳朵”的下一次消失将不会早于1626年。他那封信于1622年被他朋友所公布，而土星“耳朵”确实在1626年才再次消失。不过，伽利略并未记述过自己做出此种预言的理由，也并无迹象表明那是因为他知道或猜到了土星“耳朵”乃是土星光环。

还是环，只有随着土星本身相对于地球的方位改变才会缓慢改变；甚至连它的消失和重现之谜也迎刃而解了，因为那只不过是随着土星本身绕太阳的公转，在每个公转周期中会有两个时段，环恰好以侧面对着地球，由于很薄的缘故，环的侧面哪怕用望远镜也无法看到，就自然形同消失了（感兴趣的读者可以据此推算一下，土星光环两次“消失”之间会间隔多长时间？并与第 136 页脚注中提到的伽利略的预言比较一下）。

惠更斯虽然从大致形状上发现了土星光环，土星光环究竟是什么东西组成的，却依然是个谜。在此后很长的时间里，很多天文学家对土星光环作了细致观测，也作出了一些新发现——比如意大利科学家卡西尼（Giovanni Cassini）在土星光环中发现了缝隙[①]，但对于土星光环的组成，则大都认为是固体——或者更确切地说，被缝隙隔开的那些相互嵌套的环每个都被认为是固体。这一局面直到两百年后的 19 世纪中叶才有了实质改变。

改变的契机是土星光环的固体模型遭遇了很大的动力学上的困难。比如著名的法国科学家拉普拉斯（Pierre-Simon Laplace）发现，由于离土星很近，土星光环会受到来自土星引力的巨大潮汐作用。在那样的情形下，土星光环要想维持为

① 这个缝隙因此而被称为了“卡西尼缝”（Cassini Division）。前面提到的土星探测器“卡西尼号”（Cassini）也是因卡西尼而命名的。

固体，必须在密度分布和旋转速度等方面满足相当苛刻的条件。不仅如此，土星光环的固体模型还存在着不稳定性，受到很小的扰动就会坠落到土星上。这些困难虽未使人们放弃固体模型（事实上，就连拉普拉斯本人也通过某些连他自己也说不出细节的假定，顽固地相信着土星光环的固体模型），却无疑削弱了它的说服力。另一方面，在那两百多年间人们又发现了土星光环的某些新变化，比如新缝隙的出现和旧缝隙的变大。这些变化虽然缓慢而细微，对土星光环的固体模型却构成了显著挑战。有鉴于固体模型左支右绌的不良表现，1855 年，剑桥大学圣约翰学院（St John's College）将研究土星光环的运动及稳定性作为了第四届亚当斯奖（Adams prize）的选题。

两年后，这届亚当斯奖被年仅 26 岁的麦克斯韦（James Clerk Maxwell）所摘取。麦克斯韦经过缜密研究，将土星光环固体模型的成立条件压缩到了足以与观测相矛盾的狭窄范围之内，从而实际上排除了固体模型。不仅如此，他还同时排除了土星光环为液体的可能性[①]。经过那样的排除，最终只剩下了一种可能性，那就是土星光环是由“无数相互分离的粒子”所组成的。由于当时的观测手段尚不能对土星光环的细致结构进行判定，因此麦克斯韦的研究是一种典型的理论预言。这一预言在 40 年后的 1895 年得到了初步证实：光谱学研究显示

---

① 确切地讲，麦克斯韦所排除的是土星光环为不可压缩流体的可能性。在麦克斯韦之后，苏联女数学家柯瓦列夫斯卡娅（Sofia Kovalevskaya）等人对土星光环为液体的可能性作了进一步研究，同样作出了排除的结论。

出土星光环的转动及振动方式都与它由“无数相互分离的粒子”所组成的假设相一致。而最终，“先驱者号”、“旅行者号”、“卡西尼号”等行星际飞船的近距离观测直接证实了土星光环确实如麦克斯韦所预言的，是由“无数相互分离的粒子”所组成的。

按照我们现在的了解，土星光环的结构是非常复杂的，伽利略观察到的“耳朵”属于其中最亮的部分，卡西尼观察到的缝隙则是最亮的部分当中的缝隙。那缝隙如今被称为卡西尼缝（Cassini Division），宽度约为4800km，被其隔开的两部分环分别被称为A环和B环，其中B环最亮，位于内侧，从距土星中心约92 000km处延伸到117 600km左右（宽度约25 000km）；A环次之，位于外侧，从距土星中心约122 200km处左右延伸到136 800km左右（宽度约14 600km）。除这些最显著的环和缝之外，在B环以内和A环以外还各有其他的环，在更细致的观察下，则不仅环内有缝，缝内也还有环，复杂程度远远超乎早先的想象。

土星光环的结构虽然复杂，延展范围虽然广阔，厚度却极薄，比如最明亮的B环的平均厚度只有十来米。厚度十来米，延展范围几万乃至十几万千米，这是一种什么样的比例呢？它相当于一张面积比天安门广场还大的薄纸！土星光环如此扁平当然绝非偶然，而是引力相互作用造成的。从某种意义上讲，土星光环简直是一个天然实验室，适于探究引力相互作用下的多体问题，因为土星光环的很多特征都是引力相互作用下的多体问题所产生的相对稳定——从而也相对容易研究的形态。比如土星光环的高度扁平乃是因为相对于平均轨道平面以一定倾角运动的粒子比较容易与倾角相反的粒子相碰撞（就好比一批方向混乱的车子对撞的几率比追尾的几率大），而那样的碰撞平均而言会减小两者垂直于平均轨道平面的速度分量，从而倾向于使两者的轨道都更接近平均轨道平面。这种过程很快就会使得组成土星光环的粒子高度集中到同一平面上来。

当然，土星光环也绝非严格的平面，在土星卫星等天体的引力摄动之下，土星光环上会出现种种波动，幅度大的可达数千米（即相当于光环厚度的数百倍）。这种有趣的波动现象使一些天文学家觉得，研究土星光环曾经像是研究地理，如今倒像是在研究变化多端的天气。除了波动外，土星光环的宽度、环与环之间的缝隙等也都与土星卫星的引力摄动，以及各种各样的轨道共振等因素密切有关，土星的某些小卫星甚至像牧羊犬看护羊群一样控制着土星光环的宽度——它们也被恰如其分地称为了“牧羊犬卫星”（shepherd satellite）。这些虽有一定复杂性，但在以复杂著称的引力多体相互作用之中却是相对容易的问题，十分有趣。

如果说对于土星光环的形态我们算是有了一定的理解，那么这种理解其实是在土星光环存在的前提之下展开的。土星光环的存在本身——即它为什么会存在，以及从什么时候开始存在——却是完全不同的问题。这其中土星光环为什么会存在是相对来说容易解释的，因为早在 1849 年，法国科学家洛希（Édouard Roche）就从理论上证明了，一个靠自身引力凝聚起来的天体离一个中心天体足够近时，会因为自身引力无法抗衡中心天体的引力潮汐作用而解体。这个解体距离被称为洛希极限（Roche limit），具体数值跟两个天体的物质组成等若干因素有关①。具体到土星光环上，分析表明，土星光环的主体部分位于其相对于土星的洛希极限之内，因而无法像其他区域里的物质那样在自身引力作用下凝聚成卫星，从而只能以光环的形式存在。

但土星光环从什么时候开始存在则迄今尚有争议。有些天文学家认为土星光环是新近才产生的——当然，所谓"新近"是天文学意义上的，起码也有数千万年，具体的过程则是：一颗土星卫星"新近"跑到了土星的"卧榻之侧"，不幸与其他卫星碰撞解体或被土星的引力潮汐作用撕成了碎片——总之是粉身碎骨了。对于这种观点，天文学家有一个幽默的表示，那就是：假如恐龙有望远镜或裸视力足够厉害的话，它们看到的土星也许是光秃秃不带光环的，因为在它们的时代，土星光环尚不存在。这种观点的理由之一是土星光环非常明亮，所含多

① 洛希研究并提出洛希极限的时间比麦克斯韦研究土星光环更早，不过却并未作出与麦克斯韦相似的发现，因为他所猜测的土星光环是液态卫星在土星的引力潮汐作用下解体形成的。

为“冰清玉洁”的水冰粒子，说明其存在时间不长，尚未被星际尘埃所污染；理由之二则是从土星光环与土星卫星等的互动中推测出土星光环不是一个长期稳定的系统，存在时间不可能太长。不过，这些理由都并非很“铁”，因为无论污染的快慢还是稳定时间的长短都跟很多因素有关，难以确切推算。这也就给另一种看法提供了空间，那种看法认为土星光环可能与土星本身差不多古老。

土星不仅有美丽的光环[①]，而且也跟木星一样有一个庞大的卫星系统。若笔者所记不差的话，那么在笔者念小学或中学那会儿，已知的土星卫星有 23 个，木星卫星却只有 18 个，土星的卫星系统以卫星个数而论比木星的还庞大。后来随着观测手段的演进，两者的卫星数目都在攀升，但土星仍保持了一段时间的领先。不过后来，“胳膊拧不过大腿”，土星的优势终于不保，在卫星数目上也不幸跟自己“千年老二”的身份相符了。截至 2013 年，土星的卫星数目以 62 比 67 落后于木星。

在土星的诸多卫星中，也不乏明星卫星。木星有四大“伽利略卫星”，土星则有一个大名鼎鼎的土卫六——也称为“泰坦”（Titan）。这颗以巨神命名的卫星是 1655 年由惠更斯发现的，

① 土星光环被伽利略发现之后，在长达三个半世纪的时间里曾经是太阳系唯一的行星光环，不过自 1977 年之后，天文学家们先后在天王星、木星及海王星周围也发现了光环，从而使得行星光环成了太阳系气态巨行星“人手一套”的东西，不过跟土星光环相比，其他那些光环都黯淡得多，所含物质的总量也少了好几个数量级。

有时也被称为“惠更斯卫星”（Huygens' moon），它的块头在太阳系所有已知卫星中位居第二，仅比木卫三略小，却比八大行星之一的水星还大①。

土卫六不仅块头巨大，而且有很多独一无二之处。比如它是已知的太阳系卫星里唯一有大气层的，而且还相当浓密。土卫六的表面平均气压甚至比地球的还高 45% 左右，大气总质量也比地球的高出近 20%②。与木卫二（即“欧罗巴”）相类似，天文学家们对土卫六上存在初等生命的可能性也有一定的期待。出于对土卫六的巨大兴趣，2004 年 12 月，前面提到过的“卡西尼号”土星探测器向土卫六投放了一个名叫“惠更斯号”（Huygens）的登陆探测器。2005 年 1 月 14 日，“惠更斯号”在土卫六上成功登陆，成为在外太阳系天体上登陆的第一个航天器。在“惠更斯号”所取得的观测成果中，包含了对土卫六另一个独一无二之处的证实，那就是土卫六是已知太阳系卫星中唯一存在表面液体的——它有大量真正的（即并非干涸的）湖泊。这是一个非同小可的特点，别说在卫星之中，哪怕把行星也算上，也只有地球能在这一特点上与土卫六为伍。由于既有大气又有液体，土卫六的地貌与地球的相当相似。不仅如此，“惠更斯号”还在土卫六上“听”到了风声——这恐

① 当然，与木卫三的情形相似，由于水星的密度超高，以质量而论要比土卫六大得多。

② 感兴趣的读者不妨思考这样一个问题：土卫六的引力远比地球的弱，表面重力加速度仅为地球表面重力加速度的 1/7 左右，虽然大气总质量比地球的高出近 20%，却远不足以抵消引力的不足，为何表面气压没有远远小于地球的表面气压？

怕是人类在地球之外首次听到天然的声音！不过，这一切的相似都只是形式上的，土卫六的大气和表面液体的成分——尤其是后者，与地球的是很不相同的，而且用地球人的审美来看，土卫六的地貌虽与地球的相似，整体氛围却令人窒息：浓密的大气层加上离太阳的遥远使得土卫六的表面光照只有地球表面晴天光照的千分之一左右（不过仍相当于数百个满月），而且从土卫六表面看到的大气颜色是橙色的。一个昏暗的橙色世界如果还不足以使人抓狂的话，那么我们还可以再提醒一句：土卫六的表面温度也不太舒适——约为 -180℃。

这样我们就结束了对土星、同时也是对太阳系六大经典行星的介绍。比六大经典行星更遥远的太阳系天体都是近代、现代乃至需要留给后代去发现的，那其中目前位居行星之列的只有天王星和海王星那两个不太巨大的气态巨行星[①]。再往外——在若干光年之外，在其他恒星周围，目前已发现了数以千计的行星，它们共同组成了一个正在快速扩容的丰富多彩的行星世界。相对于如此庞大的行星世界来说，太阳系六大经典行星只是沧海一粟，但人类对六大经典行星的探索却并不渺小，因为它不仅是漫长征程的起点，也是未来探索的缩影。沿着这条探索的征程，无数令人兴奋的东西还有待我们去发现。

① 对天王星和海王星的发现感兴趣的读者，可参阅拙著《那颗星星不在星图上：寻找太阳系的疆界》（清华大学出版社2013年12月出版）。

参考文献

[1] J. K. Beatty, et al. The New Solar System.Cambridge University Press, 1999.

[2] R. Beebe. Jupiter: The Giant Planet. Washington:Smithsonian Institution Press, 1997.

[3] L. Bengtsson, et al (eds).Towards Understanding the Climate of Venus: Applications of Terrestrial Models to Our Sister Planet.Berlin:Springer, 2013.

[4] D. C. Catling.Astrobiology: A Very Short Introduction.Oxford University Press, 2013.

[5] P. E. Clark.Dynamic Planet: Mercury in the Context of Its Environment .Berlin:Springer, 2007.

[6] I. B. Cohen.The Birth of a New Physics.New York:W. W. Norton & Company, 1985.

[7] R. Dinwiddie, et al.The Planets: The Definitive Visual Guide to Our Solar System.London:DK Publishing, Inc., 2014.

[8] S. Drake. Galileo at Work: His Scientific Biography.New York:Dover Publications, Inc., 1995.

[9] A. Dupas. Destination Mars. Richmond Hill :Firefly Books, 2004.

[10] C. W. F. Everitt.James Clerk Maxwell: Physicist and Natural Philosopher. New York:Charles Scribner's Sons, 1976.

[11] G. Galilei.Sidereus Nuncius, or The Sidereal Messenger.University of Chicago Press, 1989.

[12] D. H. Grinspoon.Venus Revealed: A New Look Below The Clouds Of Our Mysterious Twin Planet. New Jersey:Addison-Wesley, 1997.

[13] M. Hanlon.The Real Mars. New York:Carroll & Graf Publishers, 2004.

[14] P. G. J. Irwin.Giant Planets of Our Solar System: Atmosphere, Composition, and Structure. Berlin:Springer, 2009.

[15] B. W. Jones.Discovering the Solar System.New York:John Wiley & Sons, Ltd., 2007.

[16] J. Kasting.How to Find a Habitable Planet... .New Jersey:Princeton University Press, 2010.

[17] J. Kasting.Essay Review: Peter Ward and Donald Brownlee's "Rare Earth", Perspect. Biol. Med. 44, pp.117-131.

[18] M. Kaufman.Mars Up Close: Inside the Curiosity Mission. Washington :National Geographic Society, 2014.

[19] K. Lang and O. Gingerich.Source Book in Astronomy and Astrophysics, 1900-1975. Cambridge :Harvard University Press, 1979.

[20] E. F. Milone and W. J. F. Wilson. Solar System Astrophysics: Background Science and the Inner Solar System.Berlin:Springer, 2014.

[21] E. D. Miner, et al.Planetary Ring Systems.Berlin:Springer, 2007.

[22] P. Moore.Venus.Cassell, 2002.

[23] F. W. Price.The Planet Observer's Handbook (2ed).Cambridge University Press, 2000.

[24] D. Sobel. The Planets. London:Penguin Books, 2006.

[25] S. R. Taylor and S. M. McLennan.Planetary Crusts: Their Composition, Origin and Evolution. Cambridge University Press, 2009.

[26] N. deGrasse Tyson.The Sky Is Not the Limit: Adventures of an Urban Astrophysicist. London:Prometheus Books, 2004.

[27] D. Waltham. Lucky Planet: Why Earth is Exceptional and What That Means for Life in the Universe. New York:Basic Books, 2014.

[28] P. D. Ward and D. Brownlee.Rare Earth: Why Complex Life is Uncommon in the Universe. Berlin:Springer, 2000.

[29] D. Whitehouse.Renaissance Genius: Galileo Galilei & His Legacy to Modern Science. Berlin:Sterling, 2009.

[30] A. Wulf.Chasing Venus: The Race to Measure the Heavens.New York:Knopf, 2012.

[31] R. Zubrin. How to Live on Mars: A Trusty Guidebook to Surviving and Thriving on the Red Planet.Missouri:Three Rivers Press, 2008.

后　记

这是一本早就想写却意外才写的书；这是一本进度滞后却提前交稿的书。

我从小喜爱天文。在吸引我喜爱天文的美丽星空中，恒星的美对于小时候的我是抽象的——无非是“光点”或“火球”，行星却具体得多，不仅跟地球一样有地貌，而且还能想象有朝一日登陆其上。因此，行星是我从小就喜爱的。

后来到美国念书，大约自 1995 年起，一度迷上了一个名叫“猎户座之王”（Master of Orions）的电脑游戏。那是一个所谓的星际策略游戏（space strategy game），玩家从拥有一颗行星和一艘飞船开始，逐渐向外探索，逐渐移民并建设其他行星——当然，免不了跟其他玩家发生争战。那游戏中有段小动画我印象很深，那是每次登陆新行星时，宇航员把旗帜插在行星上的动画，时间仅区区数秒，画质也粗糙，但对于喜爱天文的我来说，却足以勾起无限遐想，仿佛自己变成了那位宇航员，站在神秘的新行星上。

从某种意义上讲，对行星的这种喜爱早早就播下了写作行星故事的种子。

但真正想将那种子付诸“培育”则是在 2009 年底应清华大学出版社之约写《太阳的故事》时[1]。当时的设想是在《太阳的故事》之后再写两本行星故事，一本就叫《行星的故事》，介绍太阳系的行星；另一本叫做《太阳系以外的行星世界》，介绍太阳系以外的行星。不过，《太阳的故事》一写就是近两年，不仅“透支”了我对天文题材的写作兴趣，也让我觉察出了写行星故事的风险，那就是我的写作速度太慢，而行星故事的信息量太大，信息量的增加又太快——不仅几乎天天有太阳系以外的新行星被发现，就连太阳系行星的探索也是新闻不断。硬写的话，有可能一出版就已陈旧，甚至有可能写到后面前面就已陈旧。

这些因素将设想中的行星故事打入了冷宫。

如此又隔了数年，2014 年 6 月，科学出版社发来约稿信，想让我写一本“教你数星星”之类的少儿科普。我对那样的题材兴趣不大，不过科学出版社是我从小就印象深刻的两个出版社之一（另一个是高等教育出版社），我早年喜爱的书有相当

---

① 《太阳的故事》由清华大学出版社于 2011 年 11 月出版，2015 年 8 月出修订版，书名变更为《上下百亿年：太阳的故事》。

部分是科学出版社出版的，他们来信约稿，虽题材不合兴趣，我心里还是高兴的，不愿把话说死，便转而提议了曾经设想过的行星故事。不过当时我对天文题材的写作兴趣并未复苏，故在提议的同时特意强调了该书的写作约需两年时间。按以往的经验，出版社主动约稿时往往希望短期内有稿，因此这两年之期有很大的可能性是形同婉拒。

但出乎我意料的是，科学出版社很快同意了我的提议及两年之期，从而成就了这本早就想写却意外才写的书。

这本书的交稿期限被定为 2016 年 10 月 1 日——那是依我的两年之期确定的。不过我实际上直到 2015 年 1 月才收到合同，而等处理完其他约稿，正式动笔——实为动键盘时，已是 2015 年 4 月，可谓一开工就已进度滞后。

自那时起进度滞后就一直没离开过本书。刚开始撰写时，我对本书的内容规划是将曾经设想过的《行星的故事》和《太阳系以外的行星世界》适度压缩、合而为一，使这本行星故事名副其实地涵盖所有类型的行星——无论是太阳系内还是太阳系外的。

但这个如意算盘破灭了，因为才写到土星，时间就已过去了一年多，离交稿时间只差了 5 个月。照这样的进度，后面的天王星、海王星、太阳系以外的行星等内容绝无可能在交稿期限之内完成。而且就算交稿期限不是问题，照这样的进度，原先担忧过的一出版就已陈旧，甚至写到后面前面就已陈旧的问题也将无可避免。

不过另一方面，已完成的从水星到土星这六大行星的部分在篇幅上却大大违背了适度压缩的规划，而显著“超标”了，这使我萌生了一个新想法，那就是将这六大行星的故事单独成书，称为《经典行星的故事》——因为这六大行星恰好是人类用肉眼发现的、自远古时期就知道的所谓经典行星（虽然其中的地球是很晚才被公认为行星的）。令我高兴的是，科学出版社同意我的新想法。于是在撰写了后记之后，我于 2016 年 6 月 1 日交了稿，反而比原定的交稿期限提前了 4 个月，使本书成为了一本进度滞后却提前交稿的书。

以上是本书的由来，接下来略谈几句本书的风格。

本书由于不像《太阳的故事》那样以一整本书的篇幅写一个天体，而是每个行星只占一章，故在选材上不得不有严苛得多的取舍——尤其是对像地球和火星那样资料超级富裕的行星。从某种意义上讲，我觉得本书可算作一本“行星随笔”——即为每颗经典行星写一篇随笔。相应地，我对本书的期望则是一方面像随笔一样不追求面面俱到，另一方面也像随笔一样每篇都写出点独到和出彩的地方。行星是一个很大众化、甚至已在一定程度上被写滥的题材，但我依然期望，哪怕是对行星已有一定了解的读者，也能在本书中读到一些其他行星科普中不太读得到的东西，而且能享受到新的阅读愉悦。

本书作为“行星随笔”的风格也为将本书调整为《经典行星的故事》提供了一种额外理由。因为从“行星随笔”的角度讲，天王星和海王星这两颗“非经典行星”最值得写的乃是它们的发现史，但我却已在《寻找太阳系的疆界》一书中详细写过了[①]。因此，本书的调整不仅解决了进度滞后的问题，同时也避免了与我其他作品的重叠。而且更巧的是，调整为《经典行星的故事》的本书正好向内衔接《太阳的故事》，向外衔接《寻找太阳系的疆界》，与那两者共同构成了一个覆盖面基本完整的“太阳系三部曲”。

希望大家喜爱本书，也希望已读过《太阳的故事》和《寻找太阳系的疆界》的读者喜爱这个“太阳系三部曲”。

2016 年 5 月 26 日

---

① 《寻找太阳系的疆界》由清华大学出版社于 2009 年 11 月出版，2013 年 12 月出修订版，书名变更为《那颗星星不在星图上：寻找太阳系的疆界》。